HISTOIRE ET STRUCTURE

GÉOLOGIQUES

DE LA RÉGION LYONNAISE

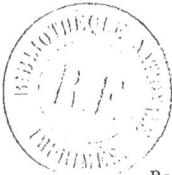

PAR

M. HUTINEL

Professeur au Lycée de Lyon

Extrait des *Annales de la Société Linnéenne de Lyon,*
t. LV, 1908.

LYON

A. REY & Cᴵᴱ, IMPRIMEURS-ÉDITEURS

4, RUE GENTIL, 4

—

1908

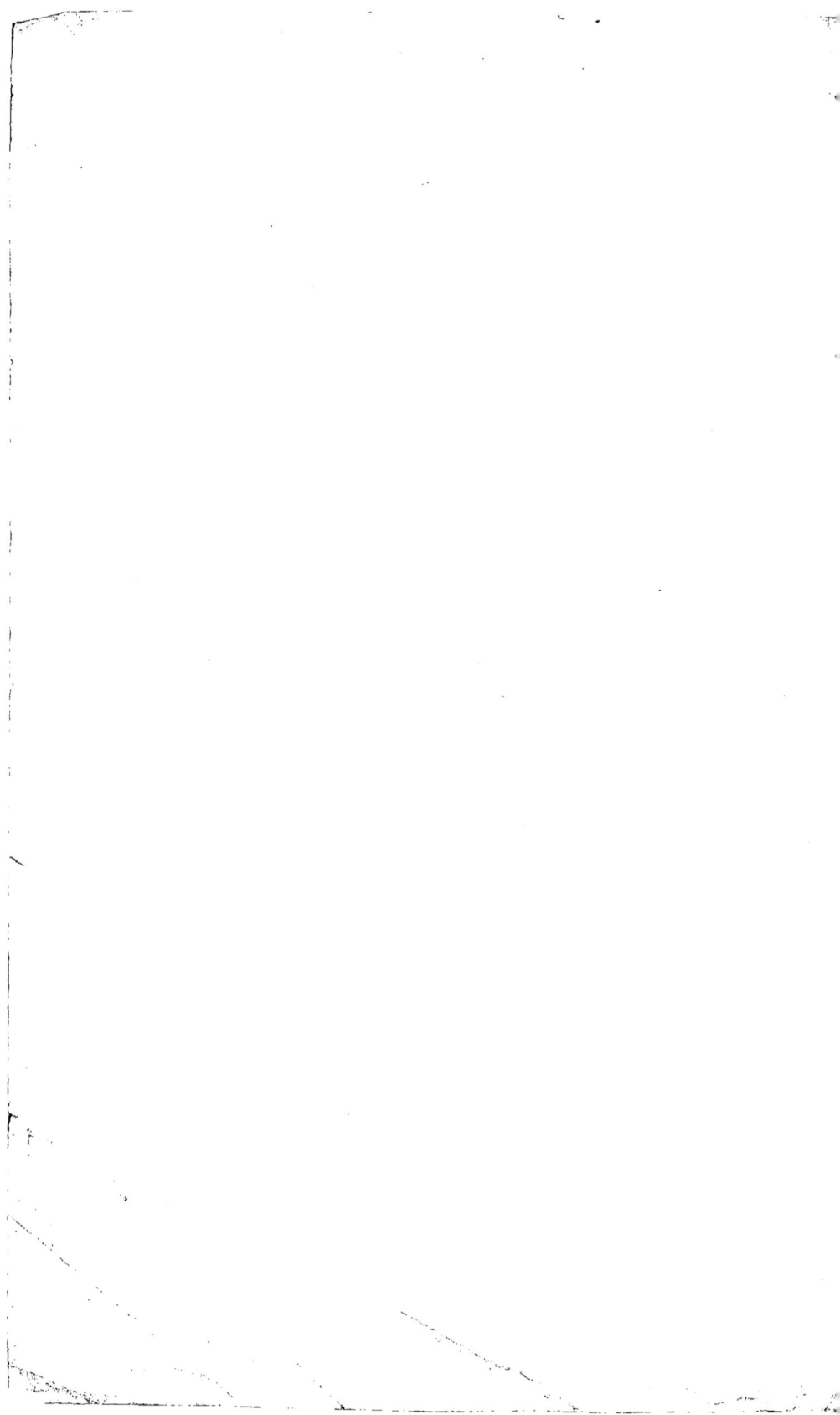

HISTOIRE ET STRUCTURE

GÉOLOGIQUES

DE LA RÉGION LYONNAISE

4° S

2488

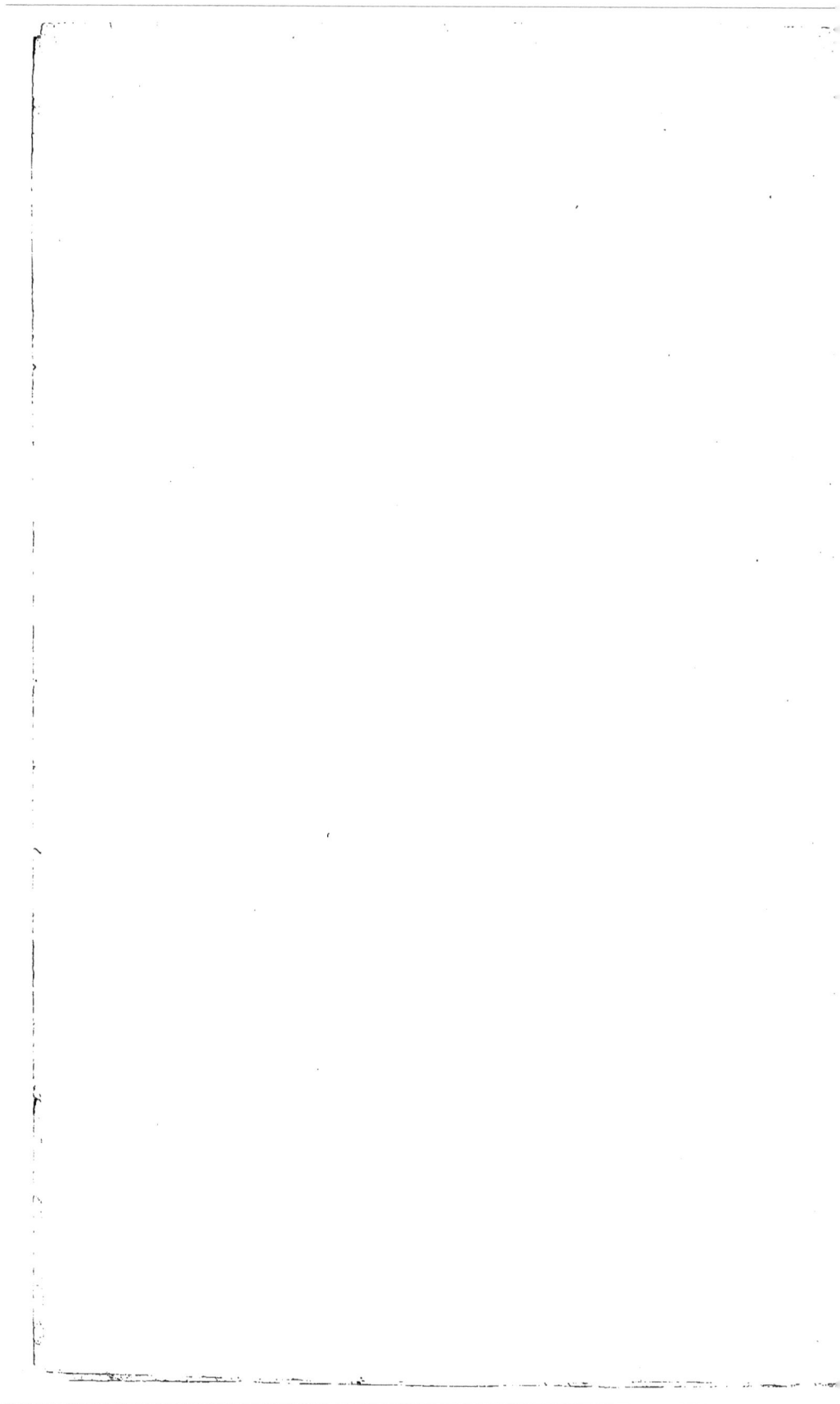

HISTOIRE ET STRUCTURE

GÉOLOGIQUES

DE LA RÉGION LYONNAISE

PAR

M. HUTINEL

Professeur au Lycée de Lyon

Extrait des *Annales de la Société Linnéenne de Lyon*,
t. LV, 1908.

LYON

A. REY & Cie, IMPRIMEURS-ÉDITEURS

4, RUE GENTIL, 4

—

1908

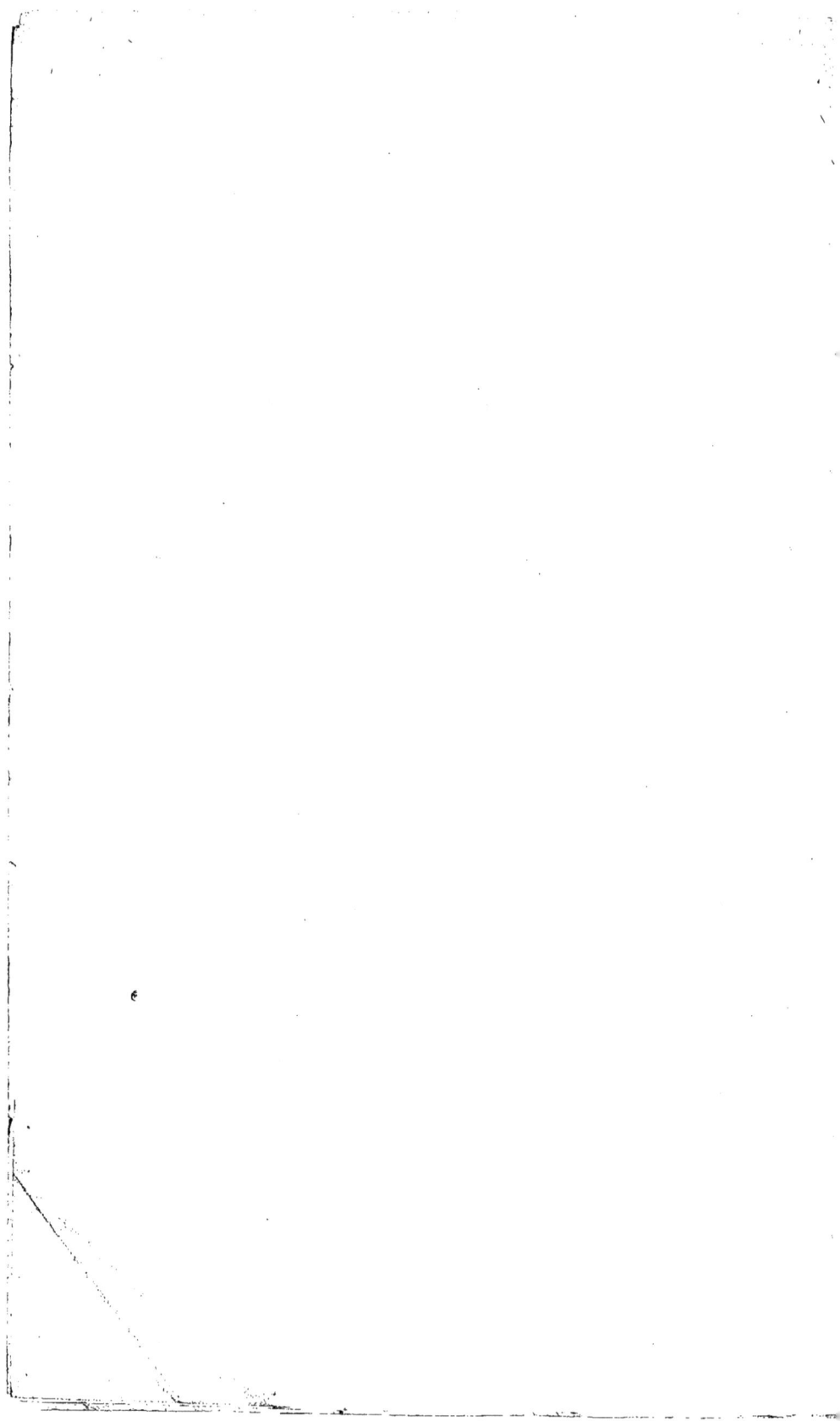

HISTOIRE ET STRUCTURE GÉOLOGIQUES

DE LA RÉGION LYONNAISE

—————◇—————

AVANT-PROPOS

La région lyonnaise est admirablement constituée pour servir de sujet aux études géologiques. On y trouve, en effet, rassemblés, presque tous les terrains.

A l'Ouest, on rencontre la région des roches cristallines et éruptives, bordure du plateau central, et le carbonifère dans le bassin de la Brévenne.

Au Sud, est la région miocène, formant le rebord bien net des plateaux du Dauphiné.

A l'Est, les régions pliocène et quaternaire sont représentées par le plateau de la Dombes.

Au Nord, enfin, le secondaire se trouve dans le Mont-d'Or lyonnais.

C'est donc un charme pour le géologue d'explorer notre région.

Sa tâche est rendue facile par les cours si clairs et si précis professés par M. le doyen Depéret.

De plus, il existe, à la Faculté des sciences, des collections qui n'ont rien à envier à aucune ville de France.

La Société Linnéenne a, de son côté, puissamment contribué par les travaux et les excursions de ses différents membres, à faire connaître la géologie de notre région. A côté de MM. Depéret et Riche, je citerai MM. Claudius Roux, notre président actuel, de Riaz, Grange, Rebours, Faucheron, Collet...

C'est dans un tel milieu que j'ai écrit cette étude de l'histoire et de la structure géologiques de la région lyonnaise.

M. H.   1

Aussi, j'adresse mes remerciements à tous ceux qui, avant moi, se sont occupés de ce sujet, et surtout à M. Depéret, l'éminent professeur dont les cours merveilleux et les excursions si bien dirigées ont été une aide puissante pour mes recherches et excursions personnelles.

Je prie aussi M. Riche d'agréer mes meilleurs sentiments de gratitude pour les judicieux conseils et bons renseignements qu'il a bien voulu me donner.

Cette étude s'adresse à tous ceux qui aiment la géologie, et c'est pourquoi :

1° J'ai réuni dans un seul travail la plupart des connaissances que l'on possède sur la région ;

2° Je ne suis pas entré dans tous les détails, afin de rendre la lecture de cette étude aussi facile que possible ;

3° J'ai donné un grand nombre d'indications bibliographiques, afin de permettre aux personnes qui voudraient approfondir tel ou tel point, de le faire facilement ;

4° J'ai, enfin, donné des indications permettant de faire d'agréables excursions géologiques dans la région.

Puisse ce travail être une œuvre utile, ce sera ma meilleure récompense.

HISTOIRE ET STRUCTURE GÉOLOGIQUES
DE LA RÉGION LYONNAISE (1)

Sur une carte physique de France, on voit que Lyon est placé dans la partie intermédiaire d'un long couloir nord-sud, formé par la vallée basse du Rhône, continuée par celle de la Saône.

Ce couloir, qui a été une voie naturelle pour les peuples, a

(1) M. Depéret, Résumé géologique sur l'arrondissement de Lyon (*Comptes rendus du Comité d'hygiène et de salubrité publique du Rhône pour 1887).*

Falsan, Histoire géologique des environs de Lyon (*Association lyonnaise des Amis des sciences naturelles,* 1874).

Carte géologique au 1/20.000⁰ des environs de Lyon, 1894, faite par le Laboratoire de géologie de la Faculté de Lyon (à voir à cette Faculté).

moins d'importance aujourd'hui, depuis l'établissement des chemins de fer, des tunnels sous les Alpes.

Cette dépression est bordée à l'ouest par un massif montagneux et, à l'est, par des chaînons.

Nous avons donc à considérer :

1° La dépression ;

2° Le massif de l'ouest ;

3° Les chaînons à l'est.

Dépression.

Cette dépression a, au nord de Lyon, une largeur uniforme de 50 kilomètres, sur 300 kilomètres de longueur. C'était l'emplacement du lac Bressan.

Dans le parcours de Lyon, la vallée est assez resserrée.

Au sud de Lyon, la largeur du couloir, tantôt se dilate, tantôt se contracte.

Le cap de Crémieu-Morestel laisse un étroit passage, puis vient ensuite la dilatation de Bourgoin, de la Tour-du-Pin (80 kilomètres), puis, à Valence, rétrécissement (12 à 15 kilomètres de largeur).

A Montélimar, il faut franchir le défilé de Donzère, en aval de Viviers, puis on rencontre une nouvelle dilatation à Orange-Avignon et, enfin, une barrière rocheuse à son extrémité.

Cette dépression séquanienne-rhodanienne est occupée par des terrains meubles tertiaires *marins* au *sud*, *d'eau douce* au *nord*, y formant des collines basses ravinées par les eaux des rivières.

Bordure occidentale.

La vallée séquanienne rhodanienne suit le bord oriental du plateau central.

Ce plateau est formé de schistes cristallophylliens avec ellipses de granite. Il n'est qu'une partie de la chaîne hercynienne.

Il y a contraste entre la bordure occidentale qui est au sud et celle qui est au nord de Lyon.

Au sud, le Rhône ronge le bord même du plateau central. A Vienne, les tunnels du chemin de fer sont creusés dans les terrains anciens. Le Rhône côtoie encore le plateau de Saint-Vallier à Tain-Tournon.

A partir de Valence, le bord de l'ancien massif s'éloigne du Rhône, et il y a intercalation de jurassique et de crétacé en Bas-Vivarais et en Languedoc, entre le Rhône et le plateau central.

Au nord de Lyon, le bord du massif est séparé de la vallée par des bandes jurassiques isolées et séparées par des terrains cristallins. Il y a enchevêtrement de terrains anciens et de terrains secondaires.

D'après des études géologiques sérieuses, on a reconnu que le jurassique et le crétacé ont recouvert d'une façon continue tout le bord oriental du plateau central cristallin, puisqu'il y a eu enlèvement de ces terrains par des cassures et des cours d'eau.

Bordure orientale.

A l'est, on trouve des terrains de structure très différente.

Au nord, la chaîne du Jura français, puis les chaînes subalpines et, enfin, les Alpes de Provence.

Toutes ces chaînes font partie de la chaîne alpine tertiaire, qui s'est moulée sur les contours de la chaîne hercynienne.

Du côté de la dépression, la région jurassienne présente une succession de plateaux produite par des failles, et non par des plis.

Au delà de ces plateaux, se trouvent des plis.

Dans la région alpine, le resserrement des plis est plus grand, leur étude est plus difficile. On rencontre les plis du Bugey, les plis de la Grande-Chartreuse, les plis du massif du Vercors, qui sont continus et ont la direction N-S. A partir de là, ces plis N-S se heurtent contre des plis E-O du Comtat et de la Provence.

Le premier des chaînons E-O est celui de la forêt de Saou, qui est un synclinal à relief extérieur par érosion, c'est un exemple d'inversion du relief.

Au sud de la forêt de Saou, est le pli E-O encore du Ventoux, continué, du côté des Alpes, par la montagne de Lure.

Cette arête du Ventoux correspond à un véritable anticlinal, pli-faille tendant à se replier vers le nord.

Au sud du Ventoux, est un vaste bassin synclinal, puis vient ensuite l'anticlinal du Léberon, qui a une allure plus régulière que le Ventoux.

Au sud de la Durance, dans la Provence proprement dite, l'allure des plis est plus tourmentée, par suite de l'approche du massif hercynien des Maures et de l'Estérel.

Ce massif a opposé un obstacle au plissement qui est venu se briser contre lui. Il y a renversement des plis, qui sont d'autant plus rejetés vers le nord qu'ils sont plus près du massif.

Telles sont les données générales qui déterminent la position de la région lyonnaise.

Limites de la région lyonnaise.

Si, du haut de la colline de Fourvière, on regarde vers l'*ouest*, on voit un plateau bas (plateau Lyonnais), qui va mourir au pied de la chaîne d'Yzeron (N-S).

Ce plateau, qui est dû à un phénomène d'érosion, est découpé de Vaugneray à Mornant par l'Yzeron et le Garon. Notre région sera limitée, à l'ouest, par la chaîne de l'Yzeron ; au nord, la limite sera la basse vallée de l'Azergue et la vallée de la Brévenne (bassin houiller de Sainte-Foy-l'Argentière).

Au sud, une autre rivière limite notre région, le *Gier* (bassin houiller de Saint-Etienne), ainsi que le mont Pilat (direction SO-NE).

Au sud-ouest, la limite sera la chaîne la plus septentrionale du Vivarais.

A l'est, on voit une sorte de muraille escarpée (Valbonne, Balmes), le bord du massif de Crémieu-Morestel.

Au sud-est, le regard est arrêté par la région d'Heyrieu, de Toussieu-Chandieu (rebord septentrional du plateau miocène viennois).

Au nord-est, on voit un autre plateau (celui de la Dombes), constitué par du pliocène entaillé par l'érosion.

Ces deux derniers plateaux sont tout à fait différents, l'un miocène, l'autre pliocène.

Entre les deux, est une région plus basse : c'est la plaine lyonnaise.

Telles sont les limites de notre région. Nous serons parfois

forcés d'en sortir un peu, les phénomènes et la structure géologiques n'étant pas toujours limités de part et d'autre par les
bornes que nous venons d'indiquer.

Dans l'étude de l'histoire et de la structure géologiques de la
région lyonnaise, nous suivrons l'ordre suivant :

1° Etude de la bordure orientale du plateau central.
      A. — Terrains anciens.
      B. — Terrains plus récents (secondaires) s'appuyant sur
          ces terrains anciens.
2° Développement des terrains tertiaires et quaternaires dans
    les deux plateaux pliocène (Dombes), miocène (Heyrieu) et
    dans la plaine.

MONTS DU LYONNAIS

Chaîne d'Yzeron de la Basse Azergue au Gier (1).

Cette chaîne (N-S) s'abaisse au nord et au sud, et ses dépressions sont comblées par des dépôts carbonifères.

Elle s'abaisse aussi du côté de Lyon, vers un plateau érodé
d'une altitude de 300 mètres, qui a les mêmes roches que la
chaîne elle-même.

La ligne de partage des eaux entre le bassin du Rhône et
celui de la Loire est très sinueuse. Il y a enchevêtrement des
deux bassins, les rivières de la Loire alternent avec celles du
Rhône.

Ce fait doit nous mettre en garde, afin de ne pas regarder
cette chaîne comme une véritable chaîne, semblable, par exem-
pl, au mont du Chat, qui est un anticlinal.

Si l'on considère la direction des couches, on arrive aussi
aux mêmes conclusions.

Cette pseudo-chaîne, d'une altitude de 900 mètres, est consti-

(1) Etudes géologiques sur les monts lyonnais par Claudius Roux
(Annales de la Société Linnéenne, 1895-1901).
  L. Gallois, Le Beaujolais et le Lyonnais *(Annales de Géographie,*
t. IV, p. 287).
  Michel Levy et Delafond, *Feuille géologique de Lyon et Notice expli-
cative* (Carte géol. de France, n° 168).

tuée par des schistes cristallins (gneiss et micaschistes) très fortement redressés, presque verticaux (1).

La direction de ces couches, toutes orientées SO-NE, coupe obliquement l'arête, puisque la chaîne est dirigée N-S.

Par suite, on n'a pas affaire à une montagne créée par un plissement du sol, mais *au bord* du plateau central *rebroussé*, puis sculpté par les eaux. Les principales rivières, d'abord parallèles à la direction des couches SO-NE, prennent ensuite la direction N-S.

Cette direction est expliquée par la géologie. Si l'on franchit le Gier, on trouve, sur sa rive sud, une montagne (SO-NE). C'est le Pilat, parallèle au Gier et aux couches d'Yzeron, mais non parallèle à la chaîne d'Yzeron. Cette direction du Pilat est bien celle de la chaîne hercynienne.

Plateau lyonnais (2).

Le Plateau lyonnais est à une altitude d'environ 300 mètres (Vaugneray, Mornant, Lentilly). Il a été remarquablement étudié par M. A. Riche.

En s'approchant de Lyon, les schistes cristallins sont recouverts par des cailloux roulés.

C'est le long des vallées qu'on peut alors voir ces schistes cristallins.

Ces schistes passent sous la colline de Fourvière, Sainte-Foy, sont la base de la colline de la Croix-Rousse. On les voit à Rochetaillée, à la Mulatière, Irigny, à Communay et à Ternay, qui sont des éperons avancés du plateau central.

A l'intérieur de la ville, on trouve aussi des affleurements cristallins. Presque sur toute la rive droite de la Saône (Pierre-Scize), gneiss et granulite jusqu'à la Mulatière.

La construction du funiculaire Saint-Paul a mis à nu du granite compact.

Au pied du promontoire de Croix-Rousse (construction de

(1) Michel Lévy, Note sur les roches éruptives et cristallines des montagnes du Lyonnais *(B. S. G. F.,* 3ᵉ série, t. XVI).

(2) A. Riche, Etude géologique du plateau lyonnais *(Annales de la Société Linnéenne,* 1887).

A. Riche, Note sur la constitution géologique du plateau lyonnais, en particulier sur les alluvions le recouvrant *(B. S. G. F.,* 6 février 1888).

l'ancien et du funiculaire Croix-Paquet), soubassement de granit et gneiss.

Sous la ville elle-même, dans la Saône, on trouve des roches cristallines. A la Feuillée, à 13 mètres de profondeur, au pont du Change (saut de la Mort qui trompe). De même, granite en profondeur places Bellecour et Tolozan.

Aucun sondage n'a mis ces terrains cristallins à jour à Villeurbanne, à Meyzieu, où ils sont très profonds.

Composition des montagnes du Lyonnais (1).

Bandes parallèles SO-NE.

Une première bande *centrale* (vallée de la Coise, Saint-André-la-Côte, vallée de Brindas, Grézieux, Ecully, Mont-d'Or), constituée par des gneiss à mica noir gris ou granitiques (à cordiérite) (Ecully, Dardilly, Limonest, vallée de la Saône, Pierre-Scize). On voit à l'Ile-Barbe la direction SO-NE.

Une *deuxième bande*, au *nord* de la centrale, franchit la chaîne à Yzeron, Vaugneray, Lentilly, Chasselay. Elle est formée de roches claires et belles : gneiss rose à mica blanc, granulite.

Une *troisième bande*, encore au nord de la précédente (L'Arbresle, Sain-Bel) est formée de schistes verdâtres, la plupart pourris (micaschistes amphiboliques). C'est dans cette bande qu'est intercalée la pyrite jaune (10 mètres d'épaisseur en certains points) à Saint-Pierre-la-Palud (2).

Vers le sud, du côté du Gier, on trouve deux bandes :

1° A l'est de la centrale (Sainte-Catherine-sous-Riverie, Orliénas, Chaponost, Sainte-Foy), *gneiss* avec intercallations de *micaschistes à mica noir*, et aussi de gneiss vert (à amphibole), plus cristallins que ceux de la Brévenne (Mornant et Saint-Laurent-d'Agny).

Ces roches vertes sont intéressantes, car elles sont la transformation de certains calcaires ;

(1) Cl. Roux, Contribution à l'étude des porphyres microgranulitiques des monts tararais et lyonnais et du Plateau central en général *(Annales de la Société Linnéenne,* 1906).

(2) Cl. Roux et A. Collet, Description géologique de la nouvelle ligne ferrée de Lozanne à Givors *(Annales de la Société Linnéenne,* 1906).

2° Au *sud* de cette dernière bande, est une autre bande de *micaschiste à mica blanc* (micaschiste sériciteux). C'est cette roche qui encaisse le bassin de Saint-Etienne et qui forme les pentes du Pilat, qui dominent le Gier.

ELLIPSES DE GRANIT. — Au milieu de ces roches schisteuses du plateau lyonnais, se trouvent des ellipses de granite, dont les trois principales sont dirigées SO-NE.

1° Au sud, celle de *Montagny* ;

2° Plus au nord, celle de *Messimy* ;

3° Plus au nord encore, celle de *Charbonnières*, qui va se cacher sous les terrains du Mont-d'Or.

Il y a encore, dans le prolongement de la première, d'autres ellipses (Vernaison, Irigny, Oullins, Pierre-Bénite).

ORIGINE DE CES ELLIPSES DE GRANIT. — D'après M. Depéret, il y a, dans la formation de ces ellipses de granite, un rapport de cause à effet des plus remarquables.

Les schistes du plateau n'ont pas toujours été cristallins. Leurs éléments ont été déposés dans l'eau de la mer sous forme de *vases* qui ont durci et ont été relevées par un plissement. La pâte intérieure pressée est remontée dans ces terrains schisteux et en a, par métamorphisme, formé des schistes cristallins. C'est dans ces parties métamorphisées que l'érosion a été la plus intense et a mis à nu le granite. Si l'on creusait dans le plateau lyonnais à une certaine profondeur, on y trouverait le granite.

Il y a aussi, dans les gneiss, des calcaires. A Riverie M. Claudius Roux a trouvé du cipolin non encore transformé en gneiss amphibolique.

Un mot sur l'aspect géographique de la région que nous venons d'étudier.

En général, le sol est couvert de roches pourries (gorre). Cette couverture a son importance.

Les roches non décomposées, qui sont à peu de profondeur sous le gorre, étant, en général, imperméables, l'eau de pluie ruisselle sur les pentes et, en général, il n'y a pas de nappes d'eau profondes. Chacun des petits ravins a ses petites sources qui tarissent à la sécheresse.

Le sol étant humide, puisque les nappes d'eau qui peuvent se former sont peu profondes, la couverture végétale est abondante : bois au sommets et prairies au-dessous. Deux plantes caractérisent la végétation sauvage, c'est le châtaignier et la digitale pourpre.

Par suite d'absence de carbonate de chaux pour la formation de leur coquille, les mollusques (escargots, lymnées, planorbes) sont rares dans la région.

AGE DES SCHISTES DE LA CHAINE D'YZERON. — Nous avons vu que, du Gier à la Brévenne, existaient des couches schisteuses, cristallines micacées, pénétrées par des ellipses de granit.

Quel est l'âge de ces schistes ?

Les schistes cristallins sont considérés aujourd'hui comme ayant été des sédiments ordinaires marins. Ces sédiments ont été redressés presque jusqu'à la verticale par des plissements, puis injectés par des roches surtout granitoïdes (surchauffement et cristallisation des éléments). Les sédiments sont ainsi devenus des roches cristallophyliennes par métamorphisme.

Un résultat fâcheux, c'est la disparition de toute trace d'organisme, par suite de l'élévation de température, d'où impossibilité de déterminer l'âge de ces couches par les moyens ordinaires.

Cependant, on a pu faire quelques hypothèses. M. Bergeron a trouvé, dans la montagne noire, des couches cambriennes, qui passent peu à peu à ces schistes par le métamorphisme.

Là, l'action métamorphique n'a pas été assez intense pour détruire les organismes qui s'y trouvaient. Aussi y a-t-on trouvé des trilobites.

Fort *probablement*, nos schistes sont du même âge. Ce que l'on sait certainement, c'est que ces schistes sont antérieurs au houiller, qui repose sur eux.

Ils sont donc siluriens, cambriens ou dévoniens.

Etude des deux bassins houillers de notre région.

On sait que la période carbonifère comprend trois grandes phases :

1° *Carbonifère inférieur*, marin en grande partie. A Régny, vers Roanne, on trouve un calcaire noir foncé avec animaux marins.

On rencontre aussi des dépôts sableux, gréseux (grès à anthracite du Roannais d'une exploitation précaire).

2° *Carbonifère moyen*. Comprend une grande bande allant de l'Irlande à la Russie. Dans un chenal peu profond, faisant communiquer deux mers, il s'est formé des dépôts de combustibles par des radeaux de plantes qui y circulaient (bassin franco-belge).

3° *Carbonifère supérieur (Stéphanien)* se composant de dépôts formés dans des dépressions continentales renfermant de l'eau douce ou un peu salée. Grès, sables entremêlés de radeaux de plantes. Ces dépôts se rencontrent à Saint-Etienne et les bassins voisins.

Parmi ces petits bassins du centre de la France, se trouvent le bassin de la Brévenne et celui du Gier, qui nous intéressent.

BASSIN DE LA BRÉVENNE. — A Sainte-Foy-l'Argentière, est un bassin important, entouré de petits lambeaux houillers. Ce bassin de Sainte-Foy a 10 kilomètres de long sur 2 kilomètres de large. Il repose sur des schistes amphiboliques plongeant vers le nord ou le nord-ouest.

Les couches de houille sont en discordance sur ces schistes.

Il y a deux couches de houille, la supérieure de 3 mètres d'épaisseur, fournissant de la houille maigre, l'autre à 6 mètres plus bas, plus mince, mais formée de houille flambante.

Vers Courzieux, sont des lambeaux houillers moins importants. On trouve aussi le bassin de Sainte-Paule dans le Beaujolais.

PROLONGEMENT DU BASSIN DE SAINT-ETIENNE DANS LA RÉGION LYONNAISE. — Le grand bassin de Saint-Etienne, bordé par le Pilat au sud, et par les monts du Lyonnais au nord, à 1.200 mètres d'épaisseur.

Sur la lèvre sud, les couches de sa cuvette sont redressées

jusqu'à la verticale, et quelquefois renversées sur la houille. Au nord, peu d'inclinaison.

Les couches les plus anciennes de ce bassin sont des poudingues, puis les couches de Rive-de-Gier, de 3 mètres à 5 mètres d'épaisseur.

Les couches de Saint-Chamond reposent sur les précédentes.

Puis viennent ensuite les couches de Saint-Etienne.

Carbonifère dans la Région lyonnaise.

Les couches de Saint-Chamond arrivent à Givors et au Rhône.

Aux portes de Givors, où la houille est rare, on trouve des annulaires, des cordiérites, plantes de la houille.

A Tartaras et au bois de Montrond, existent des puits de 120 mètres de profondeur. On trouve des couches de houille irrégulières. Des sondages faits à 180 mètres ont rencontré de l'eau qui les a arrêtés.

Le houiller de Givors passe le Rhône et va à Ternay et Communay dans une cuvette de micaschistes.

Dans un puits creusé à Communay, on a trouvé de l'anthracite, qui n'est autre chose que de la houille transformée par métamorphisme.

On a cherché à suivre la couche de Saint-Chamond en profondeur.

Une Société de recherches a fait des sondages :

A *Simandre*, on a trouvé, sous la mollasse, du houiller à 180 mètres, des micaschistes à 325 mètres.

A *Chaponnay*, houiller à 212 mètres.

A *Toussieu*, des sondages (1) faits jusqu'à 267 mètres, ont donné des cailloutis superficiels et mollasse, puis une couche de minerai de fer manganésifère de 9 mètres d'épaisseur. A 46 mètres de plus en profondeur, on a trouvé des couches tertiaires, puis du houiller à 322 mètres, et pas de houille ensuite jusqu'à 400 mètres.

De nouveaux sondages à 400 mètres ont donné du fer manganésifère.

_____

(1) Fontanes, Note sur le sondage de Toussieu (Isère) *(B. S. G. F.,* 1883).

M. Termier a fait rectifier la direction des sondages.

A Vienne, on a trouvé quelques lambeaux de terrain houiller.

Un sondage fait plus au nord, à la station de Chandieu-Toussieu, en 1892, à 391 mètres, a donné cailloutis, mollasse, miocène, minerai de fer.

A 407 mètres, argiles, conglomérats tertiaires, puis terrains jurassiques : couches du Mont-d'Or, qui reparaissent vers Crémieu et Morestel, ce qui montre l'effondrement de ces couches de près de 800 mètres.

A 515 mètres, 527 mètres, on a trouvé des bélemnites et des gryphées, puis le trias.

A 665 mètres, on a trouvé des grès et des schistes houillers.

Des éboulements ont alors arrêté les sondages.

En somme, on ne sait si, à 18 kilomètres de Lyon, on ne découvrirait pas un bassin houiller.

ETUDE DES FORMATIONS PLUS RÉCENTES

QUI S'APPUYENT EN BORDURE SUR CES TERRAINS ANCIENS

Le socle ancien que nous venons d'examiner a été baigné par la mer pendant la période secondaire. Des sables, des vases, des calcaires ont formé une bordure continue que les érosions ont entraînée en partie. Aujourd'hui, il ne reste que des lambeaux.

. RÉPARTITION DES LAMBEAUX DU SECONDAIRE. — De Dijon à l'Azergue, est une bordure continue découpée par des failles, entre les compartiments desquelles apparaissent les roches éruptives.

Au sud de la vallée de l'Azergue, se dresse le Mont-d'Or, auquel il faut rattacher la localité de Lissieu.

A partir du Mont-d'Or, en se dirigeant vers le sud, il y a interruption jusqu'à Châteaubourg, au nord de Crussol, où l'on trouve un lambeau de secondaire, puis à Crussol. Il y a un intervalle de 100 kilomètres entre le Mont-d'Or et Châteaubourg dans lequel on ne trouve pas de dépôts secondaires.

Mont d'Or lyonnais (1).

Le Mont-d'Or lyonnais paraît très élevé du côté de l'Azergue qui a creusé son lit, et moins haut du côté de Caluire.

Les terrains secondaires reposent, dans le Mont-d'Or, sur un socle formé de schistes cristallins, de granite. Au nord, est un gneiss granulitique à mica blanc, comme à Vaugneray, et des gneiss granitiques allant jusqu'à Rochetaillée.

Ce socle est en couches plongeant un peu vers la Saône, par suite d'un mouvement d'affaissement ; on n'y rencontre pas de plissements.

Au-dessus du socle, on rencontre du trias, du lias, du jurassique inférieur ; pas de crétacé, qui a fort probablement existé, mais qui a été enlevé par érosion.

TRIAS. — C'est une période de mer peu profonde sur le littoral de laquelle se sont formés des dépôts de sables grossiers, débris de quartz cimentés (arkoses) par la destruction des roches granitiques.

Après le dépôt des arkoses, la mer est moins profonde encore. Il y a formation de lagunes, où se déposent des argiles, des vases et du sel épigénique (trémies cubiques de sel déposées sur des plaques de marnes et moulées en argile durcie).

A la Font-Poivre, est un calcaire rose à coquilles marines déposé par la mer qui, à la faveur d'un effondrement de cette région, y avait pénétré pendant cette période.

Les fossiles y sont rares : on n'y trouve que quelques coquilles marines, et aussi des traces de pas d'un gigantesque animal, le cheirothérium, qu'on peut rapprocher de nos grenouilles et de nos salamandres. On remarque qu'une petite empreinte de pas en précède une grande, ce qui nous indique que le train de devant de l'animal était léger et celui de derrière lourd. On y voit aussi des traces de la queue.

Dans le trias de la Souabe, on a trouvé des squelettes de ces divers animaux ayant 1 mètre à 1 m. 50 de longueur.

(1) Falsan et Locard, *Monographie du Mont-d'Or lyonais*, 1866.
Dumortier, *Etude paléontologique sur les dépôts jurassiques du bassin du Rhône*, 1874.

Lias. — Les dépôts sont plus intéressants que dans le trias et plus riches en débris organiques.

Infra-Lias. — A la partie inférieure, on rencontre des grès (arkoses), renfermant des débris de dents de poissons (au-dessous de l'église de Saint-Cyr).

Au-dessus, première couche de calcaires formés par d'anciennes vases, dans une mer plus profonde que précédemment et, par suite, plus tranquille.

C'est un calcaire blanc-jaunâtre (choin bâtard des carriers), pierre gélive à pâte très fine, riche en organismes, surtout en coquilles bivalves (le *Pecten Thiollieri* y est très commun).

Lias inférieur. — On y rencontre le calcaire à gryphées qui a servi à construire les escaliers des vieilles maisons de Lyon. Ce calcaire bleuâtre devient quelquefois jaune par altération. Il y a de nombreuses carrières de dalles à Saint-Fortunat, Limonest, Saint-Didier. Fossiles nombreux. Gryphées, belemnites, ammonites, quelquefois de 1 mètre de diamètre. Pas de poissons, quelques vertèbres et dents d'ichthyosaure, grand reptile à vertèbres biconcaves, comme celles des poissons actuels. Cet animal, trouvé entier en Angleterre et en Souabe, ressemble un peu à nos dauphins.

Lias moyen. — A la partie supérieure du calcaire à gryphées arquées, le lias moyen se trouve sous la forme d'un calcaire rouge contenant beaucoup de bélemnites (surtout le *Belemnites paxillosus*).

Puis viennent des dépôts marneux avec rostres de bélemnites et quelques ammonites.

Lias supérieur (Toarcien).— Cette époque comprend de l'oolithe ferrugineuse, qui était exploitée autrefois comme minerai de fer à Saint-Romain. On trouve le même étage ferrugineux à Saint-Quentin, à la Verpillère, mais plus riche. La teneur en fer est encore bien plus considérable dans le toarcien de Meurthe-et-Moselle. On y trouve beaucoup de fossiles aimant les sels de fer.

Tout récemment, l'étude de l'étage toarcien a été reprise par M. de Riaz (1) dans la région lyonnaise et à Saint-Romain-au-

(1) A. de Riaz, Note sur l'étage Toarcien de la région lyonnaise et

Mont-d'Or en particulier. Cette étude est très ardue, car il est difficile de se rendre compte de la succession des assises.

Aussi Dumortier *(op. cit.)* n'avait-il distingué, dans le toarcien de la région lyonnaise, que deux zones (localité de Saint-Quentin) : la zone à ammonites opalinus et la zone à ammonites bifrons. Falsan et Locard n'ont établi aucune division dans le toarcien du Mont-d'Or.

M. de Riaz fit pratiquer, à Saint-Romain-au-Mont d'Or, près de l'ancienne mine de fer, des fouilles qui lui permirent, au moyen du grand nombre de fossiles qu'il a recueillis, d'établir cinq ou six divisions caractérisées par des espèces et même par des genres différents. Il fut aidé dans ce travail par une coupe que son confrère, M. Roman, a établie en suivant le foncement d'un puits dans la grande carrière de Couzon.

En considérant l'ensemble des faunes toarciennes, M. de Riaz « conclut sans hésitation à l'existence, à cette époque, dans nos régions, d'une mer calme et peu profonde. A peine quelques genres de la faune méditerranéenne ou de la zone bathyale se montrent-ils représentés par des individus que l'on peut compter : *Phylloceras*, *Lillia*, *Paroniceras*. Les Lytoceras sont plus abondants, il est vrai, et le *Lytoceras cornucopiæ* pourrait passer pour abondant à Saint-Quentin ».

Suivant M .de Riaz et M. Haug, les ammonites n'auraient pas vécu dans les grandes profondeurs, leurs coquilles étant, après leur mort, rejetées à la côte. Dans ce cas, comment expliquer que les ammonites de Saint-Quentin, qui sont en si grand nombre, n'auraient subi aucune brisure, aucune éraflure. « Il est évident qu'elles sont restées sur place et n'ont subi aucun charriage. Beaucoup de générations se sont paisiblement succédé, à peine troublées par l'apparition de quelques grands sauriens, dont quelques rares vertèbres révèlent la présence. »

Jurassique inférieur.

BAJOCIEN. — Nous allons voir, dans l'étude de cet étage, que le Mont-d'Or, tant exploré pendant de si longues années, nous

de Saint-Romain-au-Mont-d'Or en particulier *(B. S. G. F.*, 4ᵉ série, t. VI, p. 607, 1906).

a réservé, en 1894, une surprise à laquelle on était loin de s'attendre.

Au début de cette année 1894, le bajocien lyonnais était divisé ainsi qu'il suit :

4. Calcaire à *Parkinsonia Parkinsoni* (Ciret).

3. Calcaire à *Cœloceras Blagdeni* (couche rouge).

2. Calcaire à entroques.

1. Calcaires à *Cancellophycus liasicus* ou à *Ludwigia Murchisonœ*.

On appelait la zone 1, bajocien inférieur, et la zone 2, bajocien moyen.

Le 12 novembre 1894, MM. Faucheron, Grange et Rebours annoncèrent à la Société Linnéenne de Lyon qu'ils avaient découvert, à Couzon-au-Mont-d'Or (Rhône), une faune jurassique nouvelle pour la région lyonnaise. Les fossiles qu'ils avaient recueillis et communiqués au Laboratoire de géologie furent reconnus par MM. Depéret et Riche comme des espèces caractéristiques de la zone à *Lioceras concavum*.

Cette zone, introduite cinq ou six ans auparavant dans la nomenclature stratigraphique, par MM. Buckmann et Hudleston, avait été trouvée en de nombreux points de la France. La découverte de MM. Grange, Faucheron et Rebours venait donc d'ajouter un nouveau jalon à ces découvertes.

Sur les conseils de M. Depéret, nos confrères voulurent bien confier à M. A. Riche leurs échantillons et les renseignements qu'ils possédaient sur le substratum de cette assise à *Lioceras concavum*.

Il était nécessaire, en effet, de consacrer cette importante découverte par une description des espèces recueillies.

M. A. Riche, dans un consciencieux et remarquable travail (1), arrive aux conclusions résumées dans le tableau suivant, que j'emprunte à son excellent ouvrage :

(1) A. Riche, Etude stratigraphique sur la zone à Lioceras concavum du mont d'Or lyonnais (*Annales de l'Université de Lyon*, nouvelle série I, *Sciences, médecine*, fasc. 14).

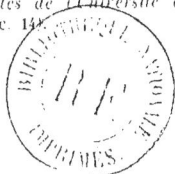

M. H.

2

Tableau résumant les Caractères fondamentaux de la constitution du Bajocien du Mont d'Or lyonnais, par A. Riche.

BAJOCIEN	SUPÉRIEUR	*Zone à Oppelia subradiata.*	Partie terminale encore inconnue. Assise à Haploceras oolithicum (Ciret).
			Assise à Strenoceras subfurcatum (lambeau).
			Ass.se à Stepheoceras Blagdeni (lambeaux).
	MOYEN		Manque
	INFÉRIEUR	*Zone à Lioceras concavum.*	Partie supérieure manque.
			Partie inférieure : Calcaire à Bryozoaires avec lambeaux supérieurs fossilifères.
			Calcaire à entroques.
		Zone à Ludwigia Murchisona.	Calcaire à Cancellophycus.
TOARCIEN	Assise terminale : Zone à Ludwigia aalensis et Lioceras opalinum.		

Il résulte donc du travail de M. A. Riche que :

1° On n'a trouvé, dans le Mont-d'Or lyonnais, que les fossiles de la partie inférieure de la zone à *Lioceras concavum ;*

2° Comme cette couche est classée par Munier Chalmas comme appartenant au bajocien inférieur, et que, dans le Mont-d'Or, elle est superposée au calcaire à entroques, ce dernier calcaire, classé auparavant comme bajocien moyen, n'est plus que bajocien inférieur ;

3° Que le bajocien moyen manque dans le Mont-d'Or lyonnais ;

4° Que le bajocien supérieur y est représenté par son assise supérieure, *le ciret*, qui est bien développée, et par des lambeaux de ses assises inférieures.

Comme le pense M. de Riaz (Toarcien du Mont-d'Or lyonnais, *op. cit.*), il y aurait peut-être avantage à admettre l'étage aalénien (d'Aalen en Wurtemberg), proposé par Mayer-Eymar et adopté par M. Haug.

Cet étage comprend une partie du toarcien et une partie du bajocien. C'est une zone de passage du lias au bajocien, comme

l'argovien forme une transition entre l'oxfordien et le coral-
lien, et le tithonique représente le facies pélagique des couches
supérieures de la série jurassique, passant par des transitions
insensibles à la série crétacée.

Cet étage comprend :

4. Zone à *Lioceras concavum* ;

3. Zone à *Ludwigia Murchisonoe* ;

2. Zone à *Ludwigia opalina* ;

1. Zone à *Dumortiera*.

Cette adoption aurait pour avantage, suivant M. de Riaz :

1° De réduire le bajocien, trop considérable dans la région
jurassique ;

2° De ne lui laisser que les véritables assises de Bayeux, aux-
quelles il doit son nom ;

3° D'avoir une importance suffisante dans notre Mont-d'Or,
puisqu'il engleberait la grande masse des calcaires à entroques. Toutefois, cette dernière considération est secondaire ;

4° L'argument principal est que la division ci-dessus est par-
faitement caractérisée par ses ammonites et non par son facies.
Cette considération de facies doit être rejetée pour la défini-
tion des niveaux géologiques.

M. Deprat (1) a fait connaître qu'aux environs de Besançon,
la couche à *Ludwigia opalina* est envahie par le calcaire à entroques.

Dans ce bajocien du Mont-d'Or, qui en couronne tous les sommets, sauf le Narcel, on trouve donc à la base (au bas des grandes carrières de Couzon ou au pied de l'ermitage du mont
Cindre) le calcaire à cancellophycus. On a cru que ces cancellophycus étaient des empreintes végétales (Saporta), mais,
comme ces empreintes pénètrent l'intérieur des bancs, elles rentrent dans la catégorie des Ripple Marks (marques de rivages).
Cet étage est caractérisé par le *Ludwigia Murchisonæ*.

Au-dessus est le calcaire à entroques, formé de nombreux
débris de crinoïdes et d'échinides. On n'y a pas encore trouvé
d'ammonites, permettant de le rattacher à une zone déterminée

(1) Deprat. Sur le passage du Toarcien au médiojurassique aux
environs de Besançon (*B. S. G. F.* (4), IV, p. 679. 1904).

du bajocien. C'est un calcaire jaune, employé à Lyon pour des constructions.

La silice abonde dans cette assise, on l'y trouve sous la forme de lits, lentilles, rognons (charveyrons).

Au-dessus, le calcaire à bryozoaires.

Puis, le calcaire à *Lioceras concavum* ; la partie inférieure de cet étage est seulement représentée dans le Mont-d'Or lyonnais.

Vient une lacune correspondant à la partie supérieure du bajocien inférieur et tout le bajocien moyen.

Enfin, à part quelques lambeaux représentant ses assises inférieures, le bajocien supérieur est représenté, dans le Mont-d'Or lyonnais, par un calcaire blanc bleuâtre, mauvaise pierre de construction, qui gêne l'exploitation du calcaire à entroques qui a, pour cette raison, considérablement diminué.

Les fossiles caractéristiques du Ciret sont *Haploceras oolithicum* et *Parkinsonia Parkinsoni*. L'absence, dans le Ciret, de certaines ammonites caractéristiques de la partie supérieure du bajocien supérieur ne permet pas de regarder cette assise comme finissant régulièrement le bajocien dans le Mont-d'Or. « Aussi, cette terminaison du bajocien dans le Mont-d'Or lyonnais ne peut-elle être actuellement établie. » (Riche.) Il est à remarquer que la composition siliceuse des fossiles du Ciret permet de les dégager du calcaire qui les contient, par de l'eau acidulée par l'acide chlorhydrique ; on obtient alors des fossiles d'une extrême délicatesse.

Allure des couches du Mont-d'Or.

Les couches secondaire du Mont-d'Or sont déposées sur un socle cristallin et découpées par une grande cassure de Limonest à Neuville (200 mètres de dénivellation).

Dans la faille de Curis, on voit un contact brusque entre les couches calcaire du bajocien et celles de l'infra-lias gréseux. Limonest est descendu, ce qui a mis au même niveau les grès rouges et le ciret blanc bleuâtre.

Ces couches secondaires plongent vers la Saône, on le voit très bien dans la grande carrière de Couzon. Dans le tunnel de Caluire, on a trouvé en profondeur le prolongement des couches à calcaire à gryphées du Mont-d'Or.

Autrefois, ces couches se continuaient par celles du Jura. A la fin du crétacé, s'est produit un effondrement qui a constitué la vallée de la Saône. Les couches secondaires se sont inclinées du côté du Mont-d'Or et disposées en terrasses du côté du Jura.

Dans le Mont-d'Or, seul lambeau secondaire de notre région, les étages jurassiques supérieurs et le créacé font défaut. Est-ce à dire qu'ils n'y ont jamais été déposés? Il est à croire qu'ils y ont été déposés, puis enlevés par l'érosion.

COMMENCEMENT DE PREUVES. — Dans le Mâconnais, et notamment à la Grisière, petite éminence voisine de Mâcon, on trouve dans des sables et argiles, des silex, de la craie. On a appelé cette formation argile à silex. On y trouve notamment des micraster caractéristiques de la craie blanche.

Ces silex et ces fossiles sont restés sur place lorsque l'érosion a enlevé la craie blanche. Selon toute probabilité, la craie blanche a donc existé dans la région mâconnaise. Il est à remarquer que, du Mont-d'Or à Villefranche, on rencontre bathonien callonien, oxfordien, et, de Villefranche à Mâcon, les derniers étages du jurassique. Il n'est donc pas impossible que la mer crétacée ait recouvert notre région.

Je puis, du reste, appuyer cette opinion d'une observation personnelle. Aux environs immédiats de Dijon, où l'étage crétacé fait défaut, j'ai trouvé, dans une fente de calcaire secondaire, du sable avec fossiles crétacés. L'érosion a, dans cette région, enlevé le crétacé, mais a dû respecter ces sables emprisonnés dans une fente calcaire. Il faut remarquer que, de Mâcon à Dijon, on ne rencontre pas seulement, comme de Lyon à Mâcon, les termes du jurassique, mais aussi du crétacé respecté par l'érosion. Il est donc fort probable que la mer crétacée s'étendait de Dijon à Lyon.

TERTIAIRE

A la fin du crétacé, les mouvements orogéniques alpins ont eu leur contre-coup dans la vallée du Rhône. Il s'y est produit un *affaissement brusque*, et c'est à cet affaissement qu'est dû l'énorme démantèlement du secondaire de la bordure du plateau central. Il ne nous est resté, dans notre région, que le Mont-d'Or.

La mer s'est retirée grâce à l'exhaussement des Alpes, et la dépression de notre vallée a été bientôt remplie par de l'eau douce. La vallée de la Saône date du commencement du tertiaire.

Éocène.

Nous n'avons pas d'éocène dans notre région.

On en voit à Saint-Paul-Trois-Châteaux (Drôme), sous forme de sables et argiles bigarrés, graviers, argile à silex, comme dans le Mâconnais.

M. Claudius Roux a trouvé, plaqués contre la chaîne d'Yzeron, des sables qui pourraient bien être éocènes.

Sous la plaine d'Heyrieu, les conglomérats trouvés (Fe, Mn) pourraient bien être de l'éocène d'eau douce.

Oligocène.

On le trouve comme formation d'eau douce, brèche à ciment calcaire semblable à celle de la gare de Dijon qui, malheureusement, aujourd'hui, est masquée par un mur.

On rencontre à Curis un petit lambeau de cette brèche rougeâtre oligocène plaquée contre la montagne. Jourdan a signalé un mâchoire de sarigue dans cette brèche de Curis, mais on ne sait ce qu'est devenue cette mâchoire.

Miocène.

Dans cet étage, les terrains sont mieux conservés.

La mer miocène a sans doute envahi *petit à petit*, par un affaissement *lent* du sol, la vallée du Rhône, la Savoie, la Suisse, le duché de Bade, le Wurtemberg, le bassin de Vienne (Autriche).

Il faut bien remarquer que la mer ne s'est avancée que lentement.

Ce n'est qu'au milieu de la période de l'invasion marine (période helvétienne) que la mer miocène est arrivée dans notre région (1).

(1) Depéret, Sur l'existence d'une petite forme de vertébrés miocènes dans les fentes de rochers de la vallée de la Saône, à Gray, et au

On trouve des dépôts fort intéressants à Saint-Fons (balmes) : sables marins quelquefois consolidés en petits bancs gréseux, désignés quelquefois sous le nom de mollasse. On y trouve des huîtres, patelles, brachiopodes, bryozoaires très petits. Ces dépôts de Saint-Fons, qui sont assez épais, sont surmontés par des cailloux de l'ancien Rhône, par du glaciaire et du lehm.

A Heyrieu, des sondages ont montré que ces dépôts miocènes avaient 200 mètres d'épaisseur et, comme ces dépôts étaient des dépôts de plages dans une mer de 70 mètres de profondeur, on ne peut s'expliquer leur épaisseur de 200 mètres que par un *affaissement continu du sol.*

La mer miocène est venue baigner la base de Croix-Rousse et de Fourvière, on en a des preuves.

L'établissement des trois funiculaires suivants à Lyon a permis d'étudier les dépôts.

Dans la tranchée du funiculaire de la rue Terme, Jourdan a trouvé, sur le granite, un gravier à cailloux roulés renfermant des coquilles marines (Limes).

Dans la tranchée du funiculaire Croix-Pâquet, M. Depéret a trouvé aussi sur le granite des dépôts miocènes marins (pecten) de quelques décimètres d'épaisseur.

Dans la tranchée du funiculaire de Saint-Paul, M. Depéret a trouvé sur le granite un conglomérat miocène avec fossiles marins.

Vers le pont du Vernay, autre témoin : à la surface d'un lambeau de lias, sont de petits trous percés par des lithodons, des pholades.

Il y avait là une falaise miocène.

Pendant la période miocène, existaient aussi dans notre région certaines parties émergées.

Mont d'Or lyonnais (Lissieu) (*C. R. Ac. Sciences*, Paris, 15 juin 1891 et 9 avril 1894).

Depéret, Recherches sur la succession des faunes des vertébrés miocènes dans la vallée du Rhône (*Ann. Muséum de Lyon*, t. IV, p. 45, pl. XII-XXV).

Depéret, Sur les faunes mammalogiques miocènes du bassin du Rhône (*B. S. G. F.*, 3ᵉ série, t. XV, p. 507).

Depéret, *Compte rendu de l'excursion du dimanche 19 août 1894, à Saint-Fons,* par la réunion extraordinaire de la Société géologique de France à Lyon.

De Saint-Quentin à la Grive-Saint-Alban, on rencontre des carrières de calcaire jurassique oolithique. Ce jurassique formait des îlots rocheux au milieu de la mer miocène.

On trouve dans ces îlots de grande poches remplies d'argile rouge (argile sidérolithique, grains de fer).

Comment s'est fait le remplissage de ces poches ?

Lorsque, sur du calcaire argileux, passe de l'eau chargée de gaz carbonique, le calcaire est dissous, mais l'argile reste et est entraînée dans des dépressions ou poches. La couleur rouge de cette argile forme un contraste frappant avec la blancheur de la roche qui la contient.

En même temps que l'argile, l'eau a entraîné des cadavres d'animaux.

Dans les fentes de la Grive-Saint-Alban, on trouve une faune comprenant 60 espèces, dont je citerai quelques-unes :

Mastodon Angustidens, qui avait quatre défenses, deux à la mâchoire supérieure et deux à la mâchoire inférieure.

Dinotherium, gigantesque éléphant.

Anchitherium, qui avait trois doigts à sabots, le médian touchant seul la terre.

Pliopithecus antiquus, le plus vieux de tous les singes, précurseur de nos gibbons à longs bras.

Ces animaux étant terrestres, la région où ils vivaient était donc émergée.

Nouvelle période : fin du miocène.

La mer se retire par suite d'un relèvement du sol ; des marais salants la remplacent.

A Heyrieu, le niveau le plus bas que l'on peut observer est à une centaine de mètres au-dessus des sables de Saint-Fons.

De nouveaux dépôts surmontent la série marine et renferment des coquilles d'eau saumâtre et douce. Ces couches sont formées encore de sables semblables aux sables miocènes marins.

Ces dépôts, que nous venons de voir rejetés un peu au sud de Lyon, se trouvent aussi sur les couches marines, à Croix-Rousse, Sainte-Foy.

Ils sont fluvio-terrestres et renferment aussi des fossiles terrestres.

Rue Terme, la faune n'est plus la même que celle de la Grive-Saint-Alban. On y trouve :

Mastodon longirostris.

Dinotherium giganteum, espèce plus grande que celle de la Grive.

Antilopes Tragocères, disparu aujourd'hui (faune du miocène supérieur de la Grive).

Gazelles, analogues à celles d'aujourd'hui.

Hipparion (on en a trouvé seulement quelques débris à Croix-Pâquet).

Dans la tranchée du funiculaire Croix-Pâquet, on trouve du miocène supérieur formé de marnes blanches à hipparion. Ce miocène est surmonté de glaciaire.

A Saint-Paul, miocène supérieur avec dépôts d'eau douce, pas d'ossements, mais calcaires travertins (11 mètres) criblés de paludines.

Dans la colline de Sainte-Foy, au-dessous du château de Bramafan, M. Rolland, faisant faire une tranchée pour chercher de l'eau, a trouvé des marnes miocènes remplies de coquilles. De plus, les ouvriers ont mis à découvert d'énormes défenses (2 m. 50 de long) de *Mastodon longirostris* et, à côté, des molaires du même animal (ces défenses et molaires sont dans la collection de la Faculté des sciences de Lyon).

Au point de vue géographique, les dépôts de Croix-Rousse et de Sainte-Foy, devaient être en continuité avec ceux d'Heyrieu.

Les mouvements alpins donnant lieu à de grands phénomènes d'érosion et de démantèlement, le lac de Bresse se forme avec dépôts.

En résumé, pendant le commencement du miocène, invasion dans notre région d'un bras de mer parti de la Méditerranée. Ce bras de mer est venu baigner le pied des collines lyonnaises et s'est mis en communication avec la mer occupant le bassin du Danube.

Puis la mer s'est retirée, des dépressions se sont formées où se sont déposés des sables et cailloutis torrentiels bien caractérisés dans le bassin de la Durance, vers Visan, non loin de Bolène.

Dans nos environs, pas de représentants de ces cailloutis miocènes ; il faut, pour les trouver, aller vers Heyrieu.

Ces dépôts se sont élevés assez haut, puisqu'on a trouvé des cailloutis alpins dans une crevasse du Narcel, lors de la construction des forts. Le remblaiement de notre région a donc eu lieu jusqu'à cette hauteur.

Il y a eu ensuite dénudation par érosion.

Il est fort probable qu'il y a eu *comblement général* de notre région à la fin du miocène.

Au commencement du pliocène, il se produit un grand démantèlement, il y a abaissement de la Méditerranée. La vallée du Rhône *se creuse à* 200 *mètres* au-dessous de son niveau actuel.

La Méditerranée s'engage dans un fjord jusqu'à Loire. Des marnes bleues sont déposées sur une épaisseur de 200 mètres (on se sert de ces marnes pour faire des tuiles).

A Valence, des fouilles faites à 200 mètres n'ont pas rencontré le fond de ces marnes bleues.

Histoire de la région lyonnaise pendant la période pliocène (1).

Les contours du fjord dans lequel s'engageait la Méditerranée jusqu'à Loire ont été étudiés par Fontannes, qui en a dressé une carte.

Ce fjord présentait des golfes latéraux. Large vers Avignon, Il se rétrécissait vers le détroit crétacé de la Donzère, puis présentait un élargissement vers Montélimar, un rétrécissement nouveau vers Tain.

Au nord, on rencontre le Péage du Roussillon, avec argiles exploitées, et, plus au nord encore, M. Torcapel a trouvé, à Loire, le gisement le plus septentrional de ce fjord, sous la forme de marnes bleues marines pliocènes renfermant des coquilles qui sont presque des coquilles d'estuaire.

On n'a rien trouvé plus au nord, malgré des sondages.

Que se passait-il alors au nord de Lyon et à Lyon même ?

---

(1) Delafond et Depéret, *Terrains tertiaires et quaternaires de la Bresse*, 1893).

Fontannes, *Carte de la mer pliocène dans le sud-est de la France*, 1882.

Torcapel, Gisement pliocène vers Loire *(B. S. G. F.,* 3 novembre 1884).

Au nord, il y avait accumulation de dépôts d'eau douce dans une région limitée à l'ouest par les monts du Beaujolais et du Mâconnais, et, à l'est, par le Jura.

Le lac qui occupait cette région, appelé lac Bressan, était très creusé (cette région était de 200 mètres plus profonde qu'aujourd'hui). Il se produisit dans ses eaux des dépôts lacustres (sables, graviers).

A Bourg, un sondage fait pour un puits artésien de 150 à 200 mètres de profondeur, a donné des dépôts pliocènes lacustres.

Au nord, ce lac s'étendait jusque dans la Haute-Saône, où l'on trouve des dépôts pliocènes de mauvais minerais de fer (castillot).

Les affleurements les plus rapprochés de nous sont les balmes de la rivière d'Ain. Ces affleurements forment aussi le soubassement de la Dombes. On les observe aux environs de Meximieux, mais surtout à Miribel (paludines) et dans le ravin de Sermenaz, vers Rilleux.

Au Bas-Neyron, hameau de Miribel, on voit, sur le bord de la route, une gravière dont les marnes bleuâtres (pliocène) forment le soubassement.

Au centre du tunnel de Caluire, on trouve les marnes bleues de la Bresse, avec leurs fossiles caractéristiques sur le calcaire à gryphées (1).

Il y avait aussi, entre le lac et le fjord pliocène qui arrivait jusqu'à Loire, un isthme correspondant à l'emplacement de Lyon. Il devait exister un émissaire déversant dans la mer les eaux du lac Bressan. On n'en a pas trouvé de traces. Il était probablement sur le parcours du Rhône actuel.

Pliocène moyen.

Il se produit alors de nouveaux changements, dus probablement à un mouvement du côté des Alpes.

La mer pliocène se retire petit à petit, le fjord disparaît. Le

---

(1) Fontannes. Note posthume rédigée par Ch. Depéret sur les terrains traversés par le tunnel de Collonges à Lyon-Saint-Clair (*Ann. Soc. agr. Lyon*, 1887).

lac Bressan se vide. La région qu'il occupait est transformée en
une plaine marécageuse.

Les rivières se creusent, puisqu'il y a abaissement du niveau
de la mer, à une profondeur de 20 mètres supérieure à celle
qu'elles ont actuellement.

Des vallées sont créées, et il se forme une vallée du Rhône et
une vallée de la Saône.

Preuves de la formation de la vallée de la Saône.

Si l'on étudie à Trévoux les berges de la Saône, on voit, dans
l'intérieur même de la ville (rue des Lapins, chemin des Cor-
bettes) un sable ferrugineux, graviers, galets, dépôts fluviatiles
appelés sables de Trévoux. Ces sables représentent les dépôts
fluviatiles d'une vallée du pliocène moyen, entaillée dans les
marnes bleues du pliocène inférieur.

Dans des sondages, on a vu, en effet, que ces sables de Trévoux étaient plaqués latéralement sur les marnes bleues. On
peut déterminer, par ces dépôts, la largeur de la Saône pendant le pliocène moyen.

A Trévoux même, la base de ces sables descend à 20 mètres
plus bas que le thalweg actuel de la Saône.

Ces sables de Trévoux contiennent des débris de fossiles du
pliocène moyen.

On y a trouvé :

Une dent de *Mastodon arvernensis* ;

Des dents et ossements de *Rhinocéros*.

Des débris de *Tapir* et de *Castor*.

Ces animaux sont semi-aquatiques et des régions chaudes.
On en conclut qu'à cette époque, notre climat était chaud.

On a aussi trouvé, à Saint-Germain-au-Mont-d'Or, les sables
de Trévoux, mais ils sont là moins riches en fossiles.

A la sortie du tunnel de Collonges, on a trouvé une demi-
molaire de mastodonte, puis des troncs d'arbres silicifiés, ce
qui indique le trajet de la Saône, qui a coulé un peu plus bas,
puis un peu plus haut, par accumulation de sables. C'est un
fleuve lent qui, sur plus de 250 kilomètres, ne présente actuellement une différence de niveau que de 25 mètres à peine.

Rhône pliocène.

Vers Montluel, on trouve dans les sables ferrugineux des gravières (pliocène moyen) qui permettent de se rendre compte du parcours du Rhône à cette époque. C'est un fleuve rapide, sa pente varie actuellement de 0 m. 50 à 1 mètre par kilomètre.

Cette vallée du Rhône pliocène moyen nous fournit un document curieux.

A Meximieux, dans la carrière Saint-Jean surtout, on trouve un calcaire travertineux dans lequel sont de nombreuses empreintes végétales de l'époque du pliocène moyen. Ces végétaux de Meximieux, qui appartiennent à la flore tropicale d'aujourd'hui, ont été étudiés par de Saporta. J'en cite quelques-uns :

Laurus canariensis, Weble.

Bambusa lugdunensis, Sap.

Platanus aceroïdes, Gœpp.

Juglans minor, Sap.

On trouve aussi, dans ces calcaires, les moules de deux mollusques terrestres :

Zonites Coulonjoni (Michaud).

Triptychia Terreri (Michaud).

Ces tufs sont du même âge (pliocène moyen) que les sables de Trévoux et les cailloutis à patine ferrugineuse du ravin de Sathonay.

On peut conclure de la présence d'une flore tropicale dans les tufs de Meximieux qu'au pliocène moyen, les environs de Lyon avaient une température voisine de la température actuelle des Canaries.

Pliocène supérieur.

Les vallées étroites du Rhône et de la Saône se rejoignaient vers Fontaines, un peu au nord de Lyon.

Pendant le pliocène supérieur, il se produit une accumulation de graviers jusqu'à 160 mètres au-dessus du niveau actuel. 300 mètres est le maximum d'altitude de ces dépôts.

(1) De Saporta et Marion, Recherches sur les végétaux fossiles des tufs de Meximieux)*Annales Muséum de Lyon*, t. I).

Excursion de la B. S. G. F. du 21 août 1894, à Meximieux ; excursion de la B. S. G. F. du 22 août 1894, à Sathonay.

On rencontre ces cailloutis à surface ferrugineuse à Vaugneray, à Craponne, Francheville, la vallée était comblée alors à 300 mètres d'altitude.

A Fontaines, le Rhône fait une anse et vient passer vers Chaponost, Craponne. On trouve là des cailloutis à patine ferrugineuse, car les glaciers n'ont pas envahi cette région.

Ailleurs, dans la Dombes, par exemple, ces cailloutis sont recouverts par des galets quaternaires.

Ce qu'il y a surtout de remarquable, c'est le comblement de la région jusqu'à 300 mètres d'altitude par les sables et cailloux ferrugineux (alluvions jaunes).

Grâce à ce relèvement du niveau de nos fleuves, ces nappes de cailloux passent sur Fourvière, sur le plateau lyonnais, jusqu'aux environs de Craponne, où ils reposent sur le gneiss.

Au-dessus de l'altitude de 300 mètres, on ne trouve plus de cailloux ferrugineux. Un peu au delà de la gare de Craponne, on les voit cesser. A Grézieux, il n'y en a plus.

Au nord, on les trouve à Vancia.

Ils devaient s'appliquer sur le plateau de Crémieu-Morestel.

A l'époque où se déposaient ces graviers des hauts plateaux, le climat était encore chaud, mais pas autant qu'à l'époque des dépôts de Meximieux.

Ces graviers n'étaient pas très favorables à la conservation des organismes. Cependant, on a trouvé exceptionnellement des dents de mastodontes au haut du vallon de Rochecardon et des débris d'éléphants à Saint-Germain-au-Mont-d'Or.

A la fin du pliocène, il y a coexistence des mastodontes et des éléphants. Il y a alors coexistence de trois espèces d'éléphants :

1° *Elephas meridionalis* (caractérisé par la grande largeur des bandes d'émail de ses dents) ;

2° *Elephas antiquus* (couronne des molaires étroites) ;

3° *Mammouth sibérien* (molaires à lames étroites et minces).

Après le pliocène, les mastodontes disparaissent.

QUATERNAIRE (1)

Au début de cette période, il se produit un phénomène de re-creusement des vallées. Ces vallées avaient déjà été creusées à l'époque des sables de Trévoux. Pendant le quaternaire, la partie la plus creuse est sensiblement au niveau actuel et pas si profonde qu'au pliocène moyen.

Puis survient une période de remblaiement avec des graviers gris (alluvions grises) qui caractérisent les alluvions du Rhône. Ces graviers sont quelquefois consolidés en poudingues.

Ce remblaiement ne va pas si haut que le remblaiement plio-cène, ce qui rend plus facile la distinction des terrasses qui ne sont plus à 300 mètres, mais à 260 ou 270 mètres.

Si ces terrasses sont juxtaposées, comme à Sathonay, on les distingue par leur altitude.

Comme la surface de contact des deux terrains constituait une région faible, les eaux ont pu creuser entre ces deux terrains le ravin de Sathonay.

Dans certains endroits, l'observation nette de la différence d'altitude de ces terrains est masquée par le phénomène glaciaire.

Conditions géographiques de la région lyonnaise à l'époque quaternaire.

Il est à remarquer que le Rhône a un cours curieux.

Au lieu du cours actuel très capricieux de Culoz à Lagnieu, le Rhône passait par la cluse d'Ambérieu, par Rossillon et Te-nay, en coupant directement les chaînons du Jura.

La preuve de ce fait est que, dans l'intérieur de la cluse d'Ambérieu, se trouvent des lambeaux de graviers quaternaires (cailloux alpins siliceux).

On ne voit pas comment cette cluse, dans laquelle passe le chemin de fer, aurait pu se faire à travers le Jura, si ce n'est par le passage du Rhône.

En dehors de ce point, on peut se faire une idée de la position du confluent du Rhône et de la Saône.

_____

(1) Chantre, l'Homme quaternaire dans le bassin du Rhône, thèse 1901 (*Annales de l'Université de Lyon*).

Ce confluent se trouvait alors au niveau de Sathonay, au pied du plateau pliocène des Dombes.

Nous verrons qu'il est descendu, depuis, beaucoup plus au sud.

Arrivé à Sathonay, le fleuve s'engage dans le plateau de Vaise, Francheville, vallée de l'Yzeron, des graviers alpins jalonnent ce cours. Comme premières îles, on rencontrait Fourvière et Sainte-Foy, séparées l'une de l'autre par un bras du Rhône. Puis le fleuve continuait son chemin par Pierre-Bénite, Brignais, Givors, ayant comme secondes îles Vourles, Millery, Charly. Ce trajet est déterminé par les alluvions grises.

A cette époque, la faune est déjà profondément modifiée : plus de mastodontes, qui sont remplacés par des éléphants, dont le plus connu est l'*Elephas antiquus*.

On n'a pas trouvé, dans la région lyonnaise, de documents paléontologiques de ce quaternaire ancien. On n'a qu'une seule mâchoire, provenant de la Demi-Lune, mais trouvée dans un gravier douteux.

Jusqu'ici, les glaciers n'ont pas envahi la région. Les éléphants, qui ont besoin d'herbe pour vivre, ne sont pas d'une époque glaciaire.

Période glaciaire.

Avant d'aborder les effets produits par les glaciers dans notre région, je vais donner quelques notions générales sur la manière de reconnaître qu'on se trouve sur l'emplacement d'un ancien glacier.

Un glacier est un véritable fleuve de glace. Il charrie à sa surface les cailloux qui y tombent. Il broie dans le fond de son lit les roches tendres, il reste quelquefois de ces cailloux non broyés, mais, sous le glacier, on trouve surtout de la boue (boue glaciaire).

Donc, en résumé, cailloux à la surface, qui viennent finalement s'accumuler à la base du glacier (moraine frontale) et cailloux au fond du glacier (moraine plofonde, qui n'existe pas toujours).

Arrivé à une certaine altitude, le glacier fond et l'eau s'écoule sous la moraine frontale.

Quand le glacier recule, il abandonne sa moraine frontale et peut en former une à une altitude un peu plus grande.

Caractère d'une moraine frontale.

1° Elle est formée de matériaux divers (boue, graviers peu roulés, gros blocs) disposés sans ordre, sous forme d'un demi-cercle, dont la concavité est tournée vers le haut du glacier.

Exemple : Le funiculaire Croix-Pâquet passe dans une moraine. C'est là qu'on a trouvé les gros blocs du boulevard de Croix-Rousse, qui sont en quartzite des Alpes.

2° La surface des cailloux plus ou moins anguleux est *rayée* par frottement les uns contre les autres ou contre le fond.

Il est à remarquer qu'on ne trouve jamais de cailloux rayés dans un fleuve.

De quoi se compose un dépôt glaciaire complet ?

MM. Brückner et Du Pasquier ont fait en Suisse et en Autriche des études sur ce sujet.

1° On rencontre une moraine frontale constituée comme nous l'avons indiqué plus haut (boue dans laquelle sont emballés des cailloux striés et des blocs de diverses grosseurs) ;

2° En aval de la moraine, est un dépôt d'alluvions fluvio-glaciaires (nappes de comblement) ;

3° En amont de cette moraine, est une dépression appelée dépression centrale, qui est remblayée ou occupée par un lac.

En résumé, pour être sûr de se trouver sur l'emplacement d'un ancien glacier, il faut rencontrer les trois caractères précédents.

Exemple : Sur le chemin de fer de Grenoble à Heyrieu, on rencontre une nappe de comblement glaciaire puis une moraine frontale, puis, à Saint-Quentin gare, la vallée de la Bourbre est la dépression centrale du glacier.

M. Penck, géologue autrichien, a suivi dans les Alpes les phénomènes glaciaires.

Suivant lui, il y a eu *quatre périodes de refroidissement*, qui ont été séparées par des périodes de réchauffement qui ont fait reculer les glaciers *(périodes interglaciaires)*.

Première époque : Époque *Günzienne* (de Günz, petit affluent du Danube).

M. H.   3

Deuxième époque : Epoque *Mindelienne* (de Mindel, petit affluent du Danube).

Troisième époque : Epoque *Rissienne* (de Riss, affluent du Danube).

Quatrième époque : Epoque *Würmienne* (de Würm, rivière de la plaine de Munich).

Il désigne les trois périodes interglaciaires de la manière suivante : Günz-Mindel, Mindel-Riss, Riss-Würm.

On peut reconnaître les différents périodes glaciaires par ce fait que chacune d'elles possède :

1° Son amphithéâtre de moraines ;

2° Une nappe de comblement qui n'est pas à la même hauteur que les nappes des périodes différentes.

Il y a souvent emboîtement des différents dépôts.·

Pour les dépôts interglaciaires, il est plus difficile de les reconnaître. Il faut souvent remonter dans la montagne pour voir s'il y a eu déblaiement de glacier. La présence de lignites dans une région occupée autrefois par les glaciers indique un dépôt fait par des cours d'eau, et non par un glacier. Cette région peut donc être considérée comme ayant été déblayée pendant un certain temps appelé période interglaciaire.

Exemple : Lignites dans la vallée du lac de Zurich. On en trouve également entre Chambéry et le lac du Bourget, ce qui prouve que ces régions étaient déblayées pendant une période interglaciaire.

De même, le *Rhododendron ponticum*, qu'on trouve dans les tufs d'Insprück, indique que la haute vallée d'Insprück était déblayée pendant une période interglaciaire.

Application à notre région des notions générales précédentes (1).

Il est facile de reconnaître, dans notre région, deux périodes de glaciation.

---

(1) Penck et Brückner, les Alpes françaises à l'époque glaciaire (*Die Alpen im Eiszeitalter*).

Falsan et Chantre, *Monographie des anciens glaciers et du terrain erratique de la partie moyenne du bassin du Rhône*, 1880.

1° On trouve un premier système de moraines qui, morcelé vers Bourg, traverse le plateau de la Dombes, n'atteint pas la Saône, vient aboutir vers le fort de Vancia, Sathonay, Caluire, Croix-Rousse, au-dessus des hautes terrasses, puis franchit la Saône, va à Fourvière, Sainte-Foy, Irigny, Millery, Vienne et se dirige du côté des Alpes.

Ces moraines les plus anciennes sont très altérées. Il y a *ferrugination* à la partie supérieure, à peu près comme dans les alluvions pliocènes.

Cet ancien glacier ne nous a pas donné de grandes masses de comblement (vallée de la Chalaronne et Cailloux-sur-Fontaines).

2° Un second système de moraines est appelé *moraines internes*. Ces moraines sont plus *jeunes* que les précédentes et de couleur *grise*. Elles sont moins morcelées par les érosions. Elles vont de l'embouchure de l'Ain vers la vallée de la Bourbre, à Saint-Quentin, le plateau de Bourgoin et rentrent vers les Alpes.

Du haut de la colline de Grenet, on voit très bien, du côté de Saint-Quentin, l'amphithéâtre morainique.

La moraine interne nous a laissé des *nappes de comblement importantes*, fusion de l'élément torrentiel avec l'élément glaciaire (Heyrieu, Vienne, Meyzieu). Ces nappes de comblement dominent le Rhône d'une quinzaine de mètres.

Exemple : Basse terrasse de Saint-Fons, à 15 mètres au-dessus du Rhône actuel.

A propos de moraines glaciaires, je signalerai un fait qui intéresse particulièrement notre région.

On constate, d'une part, à Saint-Clair, l'existence d'une moraine. En sortant de Saint-Clair, du côté opposé à Lyon, on voyait, en effet, à gauche du chemin, la coupe suivante (aujourd'hui masquée par un mur de soutènement) :

3. Lehm, remaniement de la boue glaciaire ;

2. Boue glaciaire avec cailloux rayés ;

1. Limon sableux très stratifié contenant un bloc erratique assez volumineux à demi-hauteur.

D'autre part, on constate aussi l'existence d'une moraine sur le plateau de Croix-Rousse-Sathonay.

On s'est demandé alors si ces deux moraines ne correspondaient pas à deux périodes glaciaires ou si c'était la même moraine qui descendait du sommet du plateau à la base.

L'établissement d'une voie ferrée de Saint-Clair à Sathonay a permis de résoudre cette question.

Dans une excursion faite par M. Depéret, le 22 avril 1898, et à laquelle j'assistais, nous avons constaté que c'était la seconde hypothèse qui était la vraie.

En effet, à l'entrée du tunnel de Sathonay, tunnel qui a 1190 mètres de long, 2 centimètres de pente par mètre, et qui débouche à 400 mètres en arrière de la gare de Sathonay, on constate la disposition *en pente* des couches suivantes :

5. Lehm ;

4. Cailloux ;

3. Limons lités fluvio-glaciaires ;

2. Moraine ;

1. Graviers gris préglaciaires.

Ces graviers préglaciaires se voient dans le tunnel, où ils forment le plancher de la voie, et non au dehors.

De cette disposition en pente se raccordant avec les couches de la sortie de Saint-Clair, on conclut à l'existence, dans cette région, d'une seule période glaciaire.

INTERGLACIAIRE. — A l'époque où les glaciers existaient, il n'y avait pas d'animaux dans la région qu'ils occupaient. Dans les périodes interglaciaires, au contraire, il y avait des animaux.

Il en existait entre nos deux périodes glaciaires dans notre région, ou plutôt dans une région voisine de la nôtre.

Vers Villefranche est une basse terrasse (pont de Beauregard) attribuée, dans le remarquable travail de MM. Delafond et Depéret sur la Bresse, à l'époque interglaciaire.

Elle est à 20 mètres au-dessus du thalweg de la Saône actuelle et contient de nombreux débris d'animaux.

Des discussions nombreuses ont eu lieu à propos de l'âge de cette terrasse. Je rapporterai ici l'opinion de MM. Penck et Dupasquier, qui sont venus sur place pour se rendre compte des faits :

« La terrasse de Villefranche offre une composition semblable à celle des sables de Saint-Cosme, étudiés par MM. Delafond et Depéret.

Elle s'élève de 13 à 20 mètres au-dessus de la rivière Saône, à l'altitude 180-190 mètres. Plusieurs gravières, creusées à l'est de Villefranche, mettent sa structure à nu. »

« STRATIGRAPHIE. — En haut, on voit une épaisseur de 2 à 3 mètres de lehm brun à fissures verticales, avec faune caractéristique.

Au-dessous de 3 à 4 mètres de sable fin à structure parallèle discordante plutôt jaunâtre en haut et gris à la partie inférieure.

Plus bas, des cailloux roulés.

A une plus grande profondeur, ainsi que le montre un forage fait à Villefranche, on retrouve le sable avec *Vivipares*, que nous avons reconnu comme représentant les sédiments d'un lac de barrage du bassin de la Saône datant de l'époque rissienne. Les rapports d'ancienneté de cette terrasse sont clairs. Sa formation tombe entre l'époque rissienne et le dépôt du loess, lequel est, comme nous l'avons vu, recouvert par les moraines de l'époque würmienne. Il s'ensuit que la terrasse de Villefranche appartient à la période interglaciaire de Riss-Würm.

MM. Delafond et Depéret, se basant sur sa forme, la considèrent également comme interglaciaire. Cette faune s'est, depuis, considérablement augmentée par MM. Gaillard, du Muséum de Lyon, et les collections de M. Claudius Savoye, instituteur à Odenas (Rhône). »

« PALÉONTOLOGIE. — La faune de la terrasse de Villefranche concorde avec l'âge interglaciaire qui ressort de la disposition stratigraphique de ce dépôt (1). On y rencontre le *Rhinoceros*

(1) M. Depéret, Age de la terrasse de Villefranche *(B. S. G. F.,* t. XXII, p. 190, 1895).

M. l'abbé J.-M. Béroud, Age de la terrasse quaternaire de Villefranche-sur-Saône, Mionnay (Ain) *(Association française pour l'Avancement des Sciences,* Lyon, 1906).

Cl. Savoye, le Beaujolais préhistorique *(Bulletin de la Société d'Anthropologie de Lyon,* 1898).

Mercki, comme dans le tuf interglaciaire de Furlingen et les lignites *interglaciaires* de Dürnten. On trouve aussi l'*Elephas antiquus*, comme dans ces derniers. On a trouvé, plus récemment : *Rhinoceras tichorhinus*, *Elephas primigenius*, *Cervus tarandus* (collection Savoye), considérés comme glaciaires, mais on les trouve aussi dans le loess, dont nous avons reconnu récemment, près de Lyon, l'âge interglaciaire.

A l'exception de l'*Elephas meridionalis*, dont les dents trouvées dans ces sables paraissent avoir été roulées et, par suite, probablement remaniées, et de *Vivipara burgundina*, également trouvé et provenant du pliocène supérieur, la terrasse de Villefranche ne présente aucune espèce qui n'apparaisse dans les couches interglaciaires du pourtour des Alpes ou qui soit incompatible avec un âge interglaciaire. »

Avec les animaux cités plus haut, on a trouvé également, dans les sables de Villefranche, des objets témoignant de l'existence de l'homme à cette époque. Pas de squelettes, pas d'ossements, mais des silex taillés : coups de poing chelléens, racloirs moustériens avec retouches en grand nombre sur un des côtés, pointes et perçoirs moustériens.

Tous ces objets sont le produit du travail des habitants de la région lyonnaise pendant la période interglaciaire.

On peut penser que ces habitants étaient analogues à ceux qui vivaient sur les bords du Rhin et en Belgique (races de Néanderthal et de la grotte de Spy (Belgique). Dans cette grotte, on a trouvé une douzaine de crânes semblables, caractérisés par une arcade sourcilière très développée.

L'habitation, à cette époque, avait lieu en plein air, car le climat était tempéré.

C'est donc entre nos deux glaciations que l'homme est apparu dans notre région, venant de l'Asie et profitant du réchauffement de la température.

Quand le glacier s'est établi de nouveau, l'homme s'est alors réfugié dans les *cavernes*, car le climat était *froid* (époque du renne).

On trouve dans ces grottes des peintures murales avec rouge et noir. M. Chantre a découvert la grotte de la Balme, qui est de cette époque.

Il s'est produit une seconde glaciation par une humidité et un refroidissement général.

À son paroxysme, le glacier du Rhône a comblé le lac de Genève et passé sur le col du Credo (Crêt d'Eau).

Une explication terrienne de ce refroidissement est bien difficile. N'aurait-il pas été dû à un accident solaire ? Des taches ne se seraient-elles pas produites à deux reprises sur le soleil, diminuant considérablement la chaleur qu'il envoie à la terre ?

Après le retrait du deuxième glacier, il se produit un creusement de 15 mètres de la vallée du fleuve, qui, en même temps, s'élargit en amont de Lyon. Le lit postglaciaire immédiat du Rhône est représenté par la basse terrasse quaternaire de Villeurbanne, qui s'élève de 10 ou 15 mètres au-dessus du niveau actuel.

Le Rhône, profitant du point faible créé par le contact du miocène et du pliocène, ne continue pas son cours dans l'axe du cours actuel entre Miribel et Anthon, et ne vient plus buter contre le Mont-d'Or lyonnais, mais fait un coude qui lui donne une direction NE-SE pour devenir ensuite N-S. On se souvient qu'un point faible existant entre les terrains tertiaires et quaternaires a favorisé l'établissement du ravin de Sathonay.

De son côté, la Saône creuse une vallée d'érosion dans les cailloux préglaciaires, passe dans le détroit de Pierre-Scize, entre des roches granitiques et va se réunir au Rhône au sud du promontoire de la Croix-Rousse, suivant un cours jalonné aujourd'hui par le pont de la Feuillée, la place des Terreaux, l'Hôtel de Ville, le pont Morand. La place des Terreaux doit son nom à ce que cet ancien lit de la Saône a été comblé par des décombres (terreaux).

La réunion des deux fleuves se fit ensuite plus au sud, à peu près au niveau de la place des Jacobins, puis elle fut enfin rejetée jusqu'à la Mulatière, où elle existe aujourd'hui.

Pour le moment, il n'y a plus de remblaiement.

Il y aurait peut-être un creusement nouveau s'il se produisait un mouvement dans les Alpes ou un abaissement de la Méditerranée.

QUELQUES EXCURSIONS DANS LA RÉGION LYONNAISE

PREMIÈRE EXCURSION

Faite le 7 mars 1897 par la Société Linnéenne (30 personnes y assistaient).

ITINÉRAIRE. — *L'Ile-Barbe ; montée de Saint-Cyr ; route de Saint-Cyr ; mont Cindre.*

A l'Ile-Barbe, on peut voir, dans la partie septentrionale, le gneiss non altéré en masses imposantes.

Dans la montée de Saint-Cyr, on remarque, une masse de cailloux roulés reposant directement sur le gneiss. Ces cailloux ont été déposés avant la grande extension des glaciers des Alpes dans notre région, ils sont préglaciaires.

Le long de la route de Saint-Cyr, on peut observer du gneiss en voie de décomposition (gorre), surmonté souvent de lehm de couleur jaune.

Arrivé au village de Saint-Cyr, on trouve, en montant au mont Cindre :

Quelques grès du *Trias*, seuls visibles.

Sur le talus au-dessous de l'église de Saint-Cyr, une couche de grès *rhétien* contenant des dents de poissons assez rares.

L'*hettangien* représenté par un choix bâtard à pecten valoniensis à l'ouest de l'église.

Le *lias inférieur*, caractérisé par *Gryphœa arcuata*.

Le *lias moyen*, caractérisé par *Amalthœus margaritatus*.

Le *lias supérieur* ou toarcien, Oolithe ferrugineuse à Hildoceras bifrons.

A 10 mètres environ au bas de l'Ermitage, dans une petite carrière ouverte, on trouve le *calcaire à cancellophycus*.

Nous retrouvons ce calcaire dans la partie la plus inférieure des carrières de Couzon.

Au sommet, le *calcaire à entroques* (bajocien inférieur), puis le *Ciret*.

Les différents niveaux du bajocien ne sont pas très visibles au mont Cindre. L'excursion suivante nous permettra d'en voir tous les détails.

DEUXIÈME EXCURSION

Faite en grande partie le 21 mars 1897 par la Société Linnéenne
(25 personnes y assistaient).

ITINÉRAIRE. — *Couzon, ravin de Saint-Léonard ; au-dessus de l'Asile d'Albigny ; au bas de la statue de la vierge de Couzon ; Saint-Romain-au-Mont-d'Or.*

Arrivé à la gare de Couzon, on se dirige vers le nord en suivant la ligne du chemin de fer, puis on passe sur cette ligne près de l'Asile Saint-Léonard et, derrière cet asile, on se trouve en présence d'une falaise rocheuse d'une grande hauteur (grandes carrières de Couzon).

Lorsqu'on est au bas de ces carrières, on foule aux pieds le calcaire à *fucoïdes*, qui surmonte le lias, puis vient une assise qui peut atteindre 50 mètres de hauteur. C'est le *calcaire à entroques*, formé de bancs d'épaisseur variable (1).

Au-dessus est une couche qui peut atteindre au maximum 5 mètres d'épaisseur dans les points où l'érosion n'a pas agi sur elle. Cette couche renferme beaucoup de bryozoaires, elle est, pour cette raison, appelée *calcaire à bryozoaires.*

Dans les cavités formées dans cette couche par les érosions anciennes, on rencontre des lambeaux d'une nouvelle assise appartenant au bajocien inférieur et caractérisé par la présence de *Lioceras concavum*, Trigonia Couzonensis, Ludwigia rudis, Ludwigia cornu...

C'est à peu près à mi-hauteur du coteau que l'on gravit pour gagner le dessus des carrières que l'on trouve cette couche qui limite, à Couzon, le bajocien inférieur.

Le bajocien moyen manque.

Le bajocien supérieur y est représenté par une couche qui ne présente pas plus de 40 à 60 centimètres d'épaisseur et qui tapisse toujours le fond des ravinements supérieurs de l'assise du calcaire à bryozoaires.

(1) On trouve parfois, dans la partie inférieure du calcaire à entroques, de belles géodes contenant des cristaux de quartz.

Ce qu'il y a de particulier, c'est ce que cette assise, appelée assise à *Stepheoceras Blagdeni* est, dans le calcaire à bryozoaires, à une profondeur plus grande que la couche à Lioceras concavum, qui est cependant plus ancienne qu'elle. Les deux couches ont le faciès d'une assise de charriage.

Une seconde couche du bajocien supérieur, qu'on ne trouve pas dans les grandes carrières de Couzon, mais dont on trouve un lambeau à *Albigny*, est caractérisée par la présence de Strenoceras subfurcatum.

Enfin l'horizon supérieur du bajocien supérieur du mont d'Or est représenté, à Couzon, par un calcaire bleuâtre siliceux et un peu argileux appelé *Ciret*. Ses fossiles sont siliceux (belemnites, ammonites).

On n'a pas trouvé, dans ce Ciret, les ammonites des dernières couches du bajocien. C'est pourquoi « la terminaison du bajocien dans le mont d'Or lyonnais ne peut encore être établie ». Riche.

Des grandes carrières de Couzon, on peut se transporter au-dessus d'Albigny pour trouver le lambeau à Strenoceras subfurcatum, puis au-dessus de la Vierge de Couzon, dans une carrière abandonnée, où l'on trouve encore un lambeau isolé de la couche à Lioceras concavum possédant un faciès de charriage.

Enfin, l'excursion peut se terminer par une visite au ravin de l'Abîme de Saint-Romain-au-Mont-d'Or.

A l'entrée et à droite de ce ravin, on voit la base du toarcien représentée par d'abondantes marnes sans fossiles.

Les déblais de l'ancienne mine de fer renferment beaucoup d'ammonites toarciennes.

Un de nos collègues, M. Charnay, a trouvé, à peu près à 20 mètres au-dessus du fond de l'Abîme, dans une couche de 30 centimètres de calcaires peu compacts (côté nord), un nombre considérable de Tisoa siphonalis (1). Cette couche est surmontée par une couche de marne de même épaisseur, puis par du calcaire compact qu'on exploite aujourd'hui.

---

(1) Nous sommes allés ensemble visiter cette couche et nous en avons rapporté une ample provision de Tisoa.

TROISIÈME EXCURSION

Faite en grande partie le 4 avril 1897 par la Société Linnéenne.
(22 personnes y assistaient).

ITINÉRAIRE. — *Alaï-Francheville ; Oullins.*

En partant de la gare d'Alaï-Francheville, qui est bâtie sur des alluvions alpines préglaciaires, on se dirige vers des gravières qui sont à proximité, sur la gauche de la route de Francheville.

Les cailloux de ces gravières d'Alaï viennent des Alpes et du Jura. Ils ont été amenés là par un bras du Rhône qui, passant par le plan de Vaise, la Demi-Lune, Alaï, Beaunant, rejoignait à Oullins la branche principale.

On ne trouve pas de fossiles dans les cailloux roulés des carrières d'Alaï. Ils sont généralement en quartzite, roche constituant une partie du Trias alpin. Mais, à côté des quartzites, on rencontre beaucoup d'autres roches alpines : granites, granulites, protogynes, serpentines, gneiss, amphibolites, brèches houillères, calcaires noirs, schistes liasiques, puis des roches jurassiennes (calcaires coralliens, lithographiques), peut-être des roches vosgiennes ou venant du Rhin, telles que le jaspe rouge, qui ne peut guère être rapporté aux Alpes ou au Jura.

Tous ces cailloux sont mélangés de sable grossier. Ils sont en général altérés par les infiltrations de l'eau, ce qui leur a donné une teinte ocracée moins vive que celle des alluvions pliocènes.

Des lentilles marno-sableuses sont intercalées ça et là dans les cailloutis d'Alaï et servent à la fabrication des tuiles.

Ces gravières forment une basse terrasse (altitude 170 mètres) (commencement du quaternaire). Elles sont moins élevées que les alluvions des hautes terrasses (pliocène) (altitude 300 m.), moins anciennes et, par suite, moins altérées qu'elles.

Une haute terrasse forme le plateau du Point-du-Jour et de Sainte-Foy, où elle est recouverte par du glaciaire.

Ces alluvions préglaciaires ont, en beaucoup de points, le

long de la route d'Oullins, leur partie superficielle transformée en poudingue par des infiltrations d'eau chargée de carbonate de chaux.

En quittant les gravières d'Alaï, on peut se diriger vers Francheville. Là, on trouve un gneiss typique avec veines de quartz et petits filons de granulite et pegmatite. Ce gneiss forme le soubassement du vieux château et les culées du nouveau pont.

On peut ensuite se diriger sur Beaunant et prendre bientôt à gauche un chemin conduisant à Sainte-Foy. On trouve dans ce chemin, au lieu appelé Pigeonnier de Francheville, un gneiss qui le coupe. Ce gneiss a ceci de particulier : il contient beaucoup de cristaux d'amphibole et d'oligoclase, c'est une amphibolite à grands éléments, appelée par Fournet oligoclasite.

En revenant sur la route de Beaunant et en continuant à se diriger vers ce village, on rencontre encore des alluvions alpines agglomérées en poudingue, puis, immédiatement après les aqueducs, on monte à droite un chemin conduisant à l'usine Ducarre. Au-dessus et à l'ouest de cette usine, un trouve une carrière de gneiss formée de lits minces de mica noir, souvent assez réguliers, alternant avec des lits plus épais de teinte blanche ou rosée, ces derniers lits renferment une quantité souvent considérable de petits grenats rouge rosé, bien visibles à l'œil nu.

De Beaunant à Oullins, on voit, à gauche, des alluvions alpines mélangées à quelques cailloux glaciaires éboulés de leur sommet.

En montant la grande rue d'Oullins et en tournant à gauche, au point de cette rue appelé Le Perron, on arrive bientôt aux grandes carrières de granit typique d'Oullins.

QUATRIÈME EXCURSION

Saint-Fons.

En se rendant à l'extrémité sud du village, on foule aux pieds une terrasse qui n'est qu'à 15 mètres au-dessus du niveau du Rhône actuel.

C'est une basse terrasse quaternaire appelée terrasse de Villeurbanne. Aucune exploitation ne permet d'étudier à Saint-Fons la composition de cette terrasse.

Arrivé au sud, le chemin suivi butte contre une colline dans laquelle sont d'immenses gravières formées de cailloux alpins gris et peu altérés (alluvions grises des géologues lyonnais).

Ces cailloux forment une terrasse appelée haute terrasse quaternaire, élevée de 30 mètres au-dessus du Rhône.

A Sathonay, cette terrasse est beaucoup plus élevée.

La base de cette colline est formée (à côté de la maisonnette, on voit un affleurement) de sables miocènes ravinés supportant des graviers quaternaires jusqu'à une altitude de 190 mètres, c'est-à-dire 27 mètres au-dessus du Rhône.

Comme à Alaï-Francheville, ces graviers gris sont alpins et sont composés d'amphibolite, granite, protogyne, gneiss, jaspe rouge. On y rencontre aussi des lentilles molassiques provenant du remaniement sur place des sables miocènes (débris d'ostræa crassissima). On y remarque des lits obliques qui caractérisent les dépôts fluviatiles.

Comme à Alaï-Francheville, on ne trouve dans les gravières de Saint-Fons aucun débris fossile, mais l'exploitation a mis à jour des terriers de marmottes dans lesquels on a trouvé les restes d'une marmotte plus grande que l'actuelle (arctomys primigenia (Kaup). Cette marmotte a dû vivre pendant la période de retrait des glaciers, bien après le dépôt de la haute terrasse quaternaire.

En montant vers le sommet de la colline, on rencontre des graviers plus grossiers, plus anguleux, présentant quelques stries, et l'on passe peu à peu à une véritable moraine glaciaire (cailloux calcaires à surface polie et striée, absence de stratification, quelques blocs erratiques emballés dans la masse).

La partie supérieure de la moraine altérée et ferrugineuse est recouverte de lehm renfermant ses coquilles caractéristiques (Helix hispida, Pupa muscosum, Succinea oblonga).

On peut ensuite descendre vers le fond de la vallée du Rhône pour observer les beaux affleurements de sables marins miocènes. Ces sables à grains très fins sont consolidés suivant des lits irréguliers en grès mollassiques peu résistants (1). On rencontre aussi des nodules marneux qui sont de véritables galets provenant d'une assise marneuse tout à fait littorale ou fluvio-lacustre.

La faune de ces sables est composée d'une très grande quantité de petits fossiles. C'est un dépôt à bryozoaires qui s'est formé à une centaine de mètres de profondeur. « Les patelles et les huîtres qu'on y trouve doivent être considérées comme roulées et provenant d'une région marine plus littorale. » Depéret.

En suivant un petit chemin qui longe la voie ferrée, on voit la superposition suivante : sables miocènes surmontés d'alluvions grises, puis moraine et lehm. La base des alluvions grises est à 200 mètres environ au-dessus du Rhône actuel.

CINQUIÈME EXCURSION

Ravin de Sathonay.

On arrive à Sathonay par le chemin de fer qui traverse un plateau quaternaire présentant, par ses bourrelets glaciaires orientés grossièrement nord-sud, l'aspect d'une région morainique.

A partir du ravin, ce plateau quaternaire (270 m. d'altitude) vient buter contre un plateau plus élevé (300 m. d'altitude), qui n'est autre chose que le rebord du plateau pliocène de la Dombes. C'est grâce au point faible créé par la juxtaposition de ces deux plateaux qu'a pu se former le ravin de Sathonay.

Ce plateau pliocène est recouvert également de formations glaciaires.

Le ravin de Sathonay, qui est compris entre le village et le camp et qui descend vers la Saône, permet d'étudier les plateaux quaternaire et pliocène qui le limitent.

Dans une gravière située du côté du camp (flanc gauche du ravin), on trouve dans ce quaternaire les mêmes caractères qu'à Saint-Fons (couleur grise, pas d'altération des roches gra-

---

(1) Ces concrétions gréseuses affectent quelquefois la forme de grosses belemnites.

nitoïdes alpines, lentilles de sables, fossiles miocènes remaniés : Nassa Michandi Arca turonica). Comme à Saint-Fons, débris de mammifères absents. Cependant, dans une haute terrasse, à la Demi-Lune, Jourdan a trouvé une mandibule l'Elephas primigenius permettant d'affirmer l'âge quaternaire de cette formation.

Sur le flanc du vallon, on peut observer la superposition à cette haute terrasse quaternaire de lehm très fossilifère. Jourdan y a trouvé molaires et défenses d'Elephas intermedius, et M. Depéret une demi-mandibule de Cervus megaceros.

Sur le flanc droit du ravin, dans les tranchées du chemin de fer de Trévoux, près de l'entrée du viaduc, on voit nettement les différents termes du quaternaire :

3. Moraine glaciaire. Couche de lehm.

2. Consolidation des graviers et, au-dessus, grotte dans graviers meublés. On y a trouvé, dans une grotte, Hyena crocuta, Bison priscus...

1. Graviers gris de haute terrasse, 2 mètres au-dessus de voie ferrée.

Si l'on suit la tranchée du chemin de fer, qui entaille profondément la colline de la rive droite du ravin, on trouve des graviers *ferrugineux* appartenant à la période pliocène. La partie moyenne et inférieure de ces graviers appartient au pliocène moyen (faune de Trévoux).

Dans la nappe supérieure, terrasse des hauts plateaux, on a trouvé, à Saint-Didier et Saint-Germain-au-Mont-d'Or, Elephas meridionalis et Mastodon arvernensis, le Mastodon Borsoni (vallon de Rochecardon). Ces diverses pièces (Muséum de Lyon) la font attribuer au pliocène supérieur.

SIXIÈME EXCURSION

(de la Société Linnéenne).

J'ai été chargé par la Société Linnéenne du compte rendu ci-dessous :

ITINÉRAIRE. — *Gare de Charnay, Solutré, Pouilly, Fuissé, Chaintré, Crèches.*

Le 13 mars 1898, une excursion a été organisée en commun par la Société Linnéenne de Lyon et la Société d'Histoire Naturelle de Mâcon.

J'ai contribué à l'organisation de cette excursion commune, parce que j'ai été le premier président de la Société de Mâcon et que j'en suis actuellement membre d'honneur.

Les membres de la Société Linnéenne et plusieurs personnes n'appartenant pas à la Société, formant un groupe de quarante excursionnistes, sont partis de Lyon à 5 heures du matin. Ils ont été reçus, à la gare de Mâcon, par la Société d'Histoire naturelle de cette ville, représentée par son président, M. Lissajous, et ses deux vice-présidents, MM. Combaud et André, plusieurs membres de cette Société : M. le Dr Vaffier, deux professeurs du Lycée, MM. Callé et Bredin, plusieurs dames, ainsi que M. Arcelin, président de la Société d'Histoire naturelle de Chalon-sur-Saône, auteur de plusieurs ouvrages sur la région, et deux professeurs du Collège d'Autun.

MM. Arcelin et Lissajous, qui connaissent dans ses moindres détails la géologie si variée de la région, ont dirigé l'excursion de la gare de Charnay à Solutré.

En quittant cette gare, on parcourt d'abord une plaine d'*alluvions*, puis on rencontre bientôt un *conglomérat rouge*, formé de débris locaux et appliqué contre le rebord du jurassique. L'âge de ce conglomérat n'est pas bien établi, car on n'y a pas trouvé de fossiles.

M. le Dr Depéret estime qu'il est d'âge oligocène, car il ressemble beaucoup au conglomérat oligocène à *Helix Ramondi*, de la gare de Dijon et de la brèche de Curis.

Puis l'on rencontre le *jurassique supérieur*, sous forme de calcaires tubulés probablement *postlandiens*.

Les étages supérieurs sont peu visibles jusqu'au rauracien à *Peltoceras bimammatum*.

L'oxfordien et le callovien, peu visibles, sont riches en bivalves. On y trouve aussi *Macrocephalistes macrocephalus, Reineckeia anceps, Cosmoceras Jason*.

Vient ensuite le bathonien supérieur, dont une couche très riche en oursins : *Collyrites analis, Hyboclypeus gibberulus, Holectypus depressus* et beaucoup d'autres fossiles, puis le calcaire de la grande oolithe et le bathonien inférieur peu visible.

On arrive enfin au pied de la roche de Solutré, où se trouve le lias sur lequel repose le charnier. Cette roche est formée, dans sa partie inférieure, de calcaire à entroques et, dans sa partie supérieure, de calcaire à polypiers.

M. Arcelin (1) explique alors que le charnier comprend trois horizons bien différents :

1° Un horizon supérieur de l'âge du Renne (magdalénien), avec foyers et sépultures ;

2° Un horizon moyen formé d'un magma à ossements de cheval ;

3° Un horizon inférieur (moustérien) à silex taillés, ours, mammouth.

Le quaternaire récent, le chelléen *(Elephas antiquus)* n'est pas représenté.

En quittant la Roche, on trouve le lias moyen *(Deroceras Davæi)* et le lias inférieur *(Spiriferina Walcoti* et Gryphées).

Un déjeuner d'une cinquantaine de couverts réunit à Solutré tous les excursionnistes.

Après le déjeuner, l'excursion est conduite par le Dr Vaffier.

On passe par Pouilly, où l'on trouve le bathonien ; par Fuissé, où l'on aborde une crête de paléozoïque. Là, une faille a abaissé le jurassique.

En remontant cette crête, on trouve des schistes verts (cornes vertes) traversés par des microgranulites et des diorites, puis on arrive enfin à la brillante découverte du Dr Vaffier :

Ce sont des schistes du carbonifère inférieur (culm) renfermant de nombreuses empreintes de plantes : *Bornia radiata, Sphenopteris dissecta, Lépidodendron Weltheimianum, Rhodea...*

Cet étage (culm), présente en France peu de gisements fossilifères. M. le Dr Vaffier a donc fait là une découverte fort appréciée des géologues et sur laquelle il achève un travail

---

(1) De nouvelles fouilles, faites par M. Arcelin fils, sont en voie d'exécution.

4

qui ne pourra être que fort estimé (thèse de doctorat ès sciences naturelles) (1).

Tous les excursionnistes ont eu l'heureuse chance de pouvoir emporter des empreintes de plantes bien caractérisées.

En se dirigeant vers Chaintré, on trouve, sur les schistes verts, un lambeau de calcaire probablement carbonifère, puis, plus loin, des arkoses du trias, et, enfin, vers Crèches, une sablière quaternaire, alluvions non encore classées.

Les excursionnistes lyonnais quittèrent Crèches à 7 heures, emportant un excellent souvenir de cette journée favorisée par un gai soleil de printemps et l'accueil tout fraternel de leurs bons amis de Mâcon.

(1) Cette thèse a été soutenue, en juillet 1901, devant la Faculté de Lyon.

Lyon. — Imprimerie A. REY et Cⁱᵉ, 4, rue Gentil. — 48120,1

www.ingramcontent.com/pod-product-compliance
Lightning Source LLC
Chambersburg PA
CBHW050534210326
41520CB00012B/2576